花卉鉴赏与花文化

孙伯筠　编著

中国农业大学出版社

前 言

花是人们生存环境中的自然精华，是大自然赠与人类的最好礼物，是人类美好生活的调色板。花草都是有情之物，她们色彩缤纷地装点着世界，为人们生活奉献着天然的美丽和勃勃的生机、无限的喜悦、无穷的灵气。正因为如此，古往今来，在人们生活的各个领域，无论是诗词书画，还是工艺制品、装饰图案，到处可见花的风韵。在现代繁忙、紧张、高速的生活节奏下，花卉成为人们相互问候和传递感情的使者。

我们古老文明的中华民族素有养花、赏花的高雅风尚，并视花为美的化身和美好幸福的象征。历代文人经常在赏花后赋诗、填词、谱曲、作画来抒发自己的情感。在中国人看来，花是有灵之物。人们赏花，除了赏识她那静态的外部形态美之外，还善于欣赏她那动态的生命的内蕴。中国人还认为花是有情之物，不仅娱人感官，更撩人情思，寄以心曲。中国人对花的这种看法和情感是观花之后由感悟而达到的一种高雅艺术境界，是对花产生的一种更深层次的情感和精神上的寄托。中国人世世代代爱花、赏花，就是认为花能使人赏心悦目、畅神达意、陶冶情操。花中蕴含着文化和诗境，花中凝聚着中华民族的品德、风韵和气节。

从广义上讲，具有观赏价值的植物就可称为花卉，即她们只要在观花、观叶、观果、闻味、观茎、观芽、观根、观树姿、观景、观奇这十个方面具备一条，就可以称之为花卉。例如，本书的草坪鉴赏中的草是属于“观叶”的；榕树、苏铁、竹子、松是属于观根或是观叶、观树姿的。本书除了简单地介绍了花卉的生物学特性、植物学特征等方面外，主要是引用了一些名人的诗、词、文章以及一些典故，讲述与花卉有关的趣闻轶事等。并通过这些来总结每一种花卉所具有的品格、精神、气质、风韵等人格化的东西，并告诉人们向她们学些什么，如何去学习她们。

本书的阅读对象较为广泛，可以是离退休的老人、大学生及其他对花卉感兴趣的群体。这是一本集知识性、趣味性为一体的读物，对于人们增加知识面、开阔眼界、陶冶情操都十分有利。

需要说明的是，本书引用了许多名人的诗、词或文章，甚至话语，而这些人出于对某种花卉的偏爱，或抒发某种感慨，在赞颂该花的基础上，有时也对其他花卉进行了贬低，因此，可能对同一种花的评价出现前后矛盾的情况。对于这一点，由于每个话语的具体语境不同，每个人的审美趣味不同，望读者能给予理解，同时启发、开拓自己的审美判断能力和鉴赏标准。

在编写本书时，编写者翻阅了大量有关的资料，从中引用了一些段落，谨此声明，并在此表示感谢！另外，在编写过程中得到了马福龄、马鹤林、耿庆汉、刘翔先生的精心指导以及王婷同学的热情帮助，在此对他们表示感谢！

由于时间仓促，不足之处敬请大家提出宝贵意见，以便再版修正。

编者

2005 年 10 月

目　录

一树独先天下春

——梅花鉴赏

梅花位居"中国十大名花"之首，被誉为"花魁"。因为她与兰花、竹、菊花都具有顶霜傲雪的大无畏精神、刚正不阿的高贵品质和谦虚正直的君子风度，所以共同被誉为"花中四君子"；又因为梅花与松、竹都具有顶冰雪、战寒霜的艰苦经历，为中国古今文人所敬慕，因此又被共同誉为"岁寒三友"，以此比喻在艰苦的条件下，同甘苦、共患难、风雨同舟的真挚友谊。

梅花是蔷薇科李属落叶乔木，高 4～10 米，2～3 月份开花，先开花后展叶，花大多为单生或双朵起放，花色有白色、粉色、淡红色和红色。

中国是梅花的故乡，有三千多年的栽培历史，所以她的种类很多。以种类共分为三个种系，分别为真梅种系、杏梅种系、李梅种系。然后，按枝姿分为 5 个大类。第一类为直枝梅类，枝直上或斜生，这是梅家族中历史最悠久的一类。第二类为垂枝梅类，枝自然下垂或斜垂。第三类为龙游梅类，枝天然扭曲如龙游。第四类为杏梅。第五类为樱李梅类。

南宋范成大是位赏梅、咏梅、艺梅、记梅的名家，曾在苏州石湖范村搜集梅花品种 12 个，写成《梅谱》，这是中国也是世界第一部关于梅花的专著，从书中可见在宋代梅花栽植已经十分盛行，并有许多品种了。

梅也是幸福的吉祥物，古人认为，梅具四"德"，初生为"元"，开花如"亨"，结子为"利"，成熟为"贞"。喜鹊在梅枝上欢悦鸣叫的花鸟图，常被称为"喜报早春"、"喜报春光"、"喜上眉梢"，取谐音或寓意。吉祥画作还有"竹梅双喜"，由竹梅和双喜鹊图纹组成，竹喻夫，梅喻妻，所以，常用以祝贺新婚之禧。辛亥革命临时政府曾把梅花定为国花，当时认为她的五瓣，正代表中国汉、满、蒙、回、藏五个最大民族永远团结，同时也象征快乐、幸福、长寿、顺利、和平，有"梅开五福"之说。

梅为我国特有花木，历史悠久，由于她不畏严寒，独步早春的精神，历来用以比喻人的刚强意志和崇高品质。宋代诗人陈亮在诗中写道“一朵忽先变，百花皆后香，欲传春消息，不怕雪埋藏”。梅树寿命长，而且愈老观赏价值就愈高，故有“老梅花，少牡丹”之说。赏梅花讲究“四贵”，即“贵稀不贵繁，贵老不贵嫩，贵瘦不贵肥，贵合不贵开”。赏梅还讲“三美”，即“以曲为美，直则无姿；以欹为美，正则无景；以疏为美，密则无态”。另外赏梅还盛行“梅之佳境”一说，即当时的最佳环境——淡阴、晓日、薄寒、细雨、轻烟、佳月、夕阳、微雪、晚霞、珍禽、孤鹤、清溪、小桥、竹道、松下、明窗、疏篱、苍崖、绿苔、林间吹笛、膝下横琴、石台下棋……总之，赏梅应该有个好的氛围，才能感受到她的美。

作为我国的名花，梅花那娇妍洁白、暗香浮动、傲霜竞放的美感，那集刚劲、坚贞、俏丽、希望于一身的风骨，与人们普遍追求的创新、向上、顽强的进取精神相一致。在新春到来之际，“万花敢向雪中出，一树独先天下春”。梅花凌寒独放，斗雪盛开，向人们传递着春天的消息。所以，我国人民素有爱梅、赏梅、踏雪寻梅、凌寒探梅、谈梅、咏梅、话梅的高雅风尚。梅花吸引了无数的诗人、画家，或咏梅言志，或借梅寄情，流传下来的有关梅的诗、词和画之多，远非其他花卉所能比。

从古至今，梅花就是画家笔下经久不衰的题材。画梅有很多的讲究，首先要求画梅的人必须有“梅”的品格，有人称之为“梅气骨”，即一种高尚的情操和刚正不阿、洁身自好的品格，正所谓：画梅须有梅气骨，人与梅花一样清。据说这样才能画好梅花。元代大画家王冕酷爱梅花，在隐居九里山时，他植梅千株，自题所居为“梅花屋”，又自号“梅花屋主”。他善画墨梅，万蕊千花，自成一家，所作的“墨梅图”与“墨梅诗”均名扬天下。王冕的题梅诗“不要人夸颜色好，只留清香满乾坤”，其实也是借花来比喻自己人格的清白。

对梅花情有独钟的文人墨客数不胜数，宋朝的林逋酷爱梅花。他隐居西湖孤山，“植梅放鹤”，以“梅为妻，鹤为子”，终身不娶不仕，被誉为“梅隐”、“梅仙”，《山园小梅》是他咏梅作品中的佳品：

山园小梅

（宋）林逋

众芳摇落独暄妍，占尽风情向小园。
疏影横斜水清浅，暗香浮动月黄昏。
霜禽欲下先偷眼，粉蝶如知合断魂。
幸有微吟可相狎，不须檀板共金樽。

该诗首先用“众芳”烘托梅花，描写了梅花的品格与风韵。“独”、“尽”二字，不仅渲染了梅花生活的独特环境，而且突出了梅花不同凡响的气骨。“占尽风情”，更写出梅花在冰雪映衬中独有的天姿国色。第二句是咏梅的千古名句，它突出描写了一幅溪边月下梅花图。图中核心是疏瘦横斜的梅枝，上方是黄昏时朦胧的弦月，月下是映在水中斜出的梅枝在月色的照映下其倩影静卧水中，而从花蕊中飘送出来的清香，溶在月色中，化在清水里。梅、水、月、香融为一体，更显出梅花的圣洁灵魂。第三句中的“霜禽”是白色的冬鸟，粉蝶是恋花之迷。一个洁白，一个轻盈，这本身就是对梅花的烘托。但诗人更在“爱”字上下力。霜禽极想亲近梅花，却不敢立即妄动，只得心怀敬意“先偷眼”；粉蝶迷花如痴，却天生入不得冰天雪地，如知梅花仙姿，必定要遥思断魂。一个敬而不敢，一个爱而不得，虽有不同，却都是失魂落魄，这就极力烘托了梅花的清高和奇美。林逋毕竟是“妻梅子鹤”的梅隐，他不仅熟悉梅的琼姿神韵，清高气骨，而且深知梅的肃静秉性。诗人惟恐人们冒犯了梅花，所以，他在诗尾中告诫人们，只有“微吟”才合适，而“檀板”和“金樽”则不需要，因为梅花不喜欢华而不实的热闹场面，这才是对梅的知己之爱。由于林逋逼真入神地描绘了梅花的风貌，尤其是那句“疏影横斜水清浅，暗香浮动月黄昏”更成为了咏梅佳句，一直为世人所引用和推崇。

南宋著名诗人陆游也留下千古佳句《卜算子·咏梅》来赞颂梅花：

卜算子·咏梅

（宋）陆游

驿外断桥边，寂寞开无主。
已是黄昏独自愁，更著风和雨。
无意苦争春，一任群芳妒。
零落成泥碾作尘，只有香如故。

此诗开头写的一株小小的梅花开在古驿站的断桥边。她多么寂寞呀，也无人去过问，更无人去赞美她。黄昏已降临，只好在那里发愁。这本来已经够凄惨的了，然而偏偏又遭遇上了一场风霜冷雨的残酷摧残，只有落得个“零落成泥碾作尘”的下场。词人写梅花是表，其实他写的是自己。当时他正处于风雨飘摇的宋代，外有金人入侵，内有奸臣当道。他坚决主张抗金，满怀报国之志，却无人赏识，这本已够忧愁了，却偏又横遭政治风雨的袭击迫害，中途被罢免回归故里。一腔热血，满腹奇才，结果只能隐没野山，空对苍天，因此，作者其实是借梅花来抒发自己的牢骚和愤怒。

几百年后，中国面临建国后帝国主义和反动派的巨大威胁以及三年自然灾害的最艰难时期，毛泽东主席用梅花比喻中国人民，也用同一词牌赞美了梅花。

卜算子·咏梅

毛泽东　1961 年

风雨送春归，飞雪迎春到。
已是悬崖百丈冰，犹有花枝俏。
俏也不争春，只把春来报。
待到山花烂漫时，她在丛中笑。

在以往，儒家的观念认为，梅花是高洁守道的凛然君子，不畏严寒的刚毅雄杰。在陆游笔下梅花则是一副孤芳自赏、清高傲慢、顾影自怜、怀才不遇的形象。然而，毛泽东《咏梅》一词更是把这种精神上升到一个新的高度。毛泽东这首词前有段引语：读陆游咏梅词，反其意而用之。表明了创作动机。“风雨送春归，飞雪迎春到”，词的起句就以健笔凌云之势，表现出了与陆游明显不同的胸襟与气魄。“风雨”、“飞雪”点出了四季的变化，时间的更替。“春归”、“春到”着眼于事物的运动，既给全篇造成了一种时间的流动感，又为下边写雪中之梅做了饱历沧桑的准备，词句挺拔，气势昂扬。接下来“已是悬崖百丈冰”一句，描绘出寒冬中梅花严酷的生存环境。但就在逼人的环境和险恶的氛围中，竟然“犹有花枝俏”。“悬崖”表明环境是如此险峻，“百丈冰”显示出寒威如此之酷烈，而梅花就在这冰凝百丈、绝壁悬崖上俏丽地开放着。一个“俏”字，不仅描绘出梅花的艳丽形态，更表现了梅花傲岸挺拔、花中豪杰的精神气质。诗人笔下的梅花充满着自豪感，坚冰不能损其骨，飞雪不能掩其俏，险境不能摧其志，这与陆游笔下“寂寞开无主”、“黄昏独自愁”的梅花形象，形成了鲜明的对比。结合毛泽东这首词的创作背景看，词人如此地刻画梅花的形象，是有深刻的政治寓意的。当时正值我国遭受三年自然灾害，原苏联领导人又挑起中苏论战，对中国施加政治上、经济上、军事上的压力，内忧外困，共和国受到了严峻的考验。“已是悬崖百丈冰”正是当时政治环境的真实写照。作为中国共产党的领袖毛泽东，写这首词本是托梅寄志，表明中国共产党人的决心，在险恶的环境下决不屈服，勇敢地迎接挑战，直到取得最后胜利。虽然“已是悬崖百丈冰”，但“犹有花枝俏”，中国共产党就是傲霜斗雪的梅花，就是那俏丽的“花枝”。最后，作者把梅花喻为报春的使者，进一步热情礼赞。英国诗人雪莱在《西风颂》中唱道“严冬已经来临，春天还会遥远吗”，严冬中怒放的梅花，正是最早报春的使者，“俏也不争春，只把春来报”，这种无私无畏的品性，使梅花的形象更为丰满。最后，词人以“待到山花烂漫时，她在丛中笑”作为结束，将诗词的境界推向更高一层。春天来临了，人间充满了柔和温暖的气息，悬崖上终于山花烂漫，一片绚丽。梅花以自己的赤诚迎来了灿烂的春天。此时，原来一枝独秀，傲然挺拔的梅花，没有丝毫的妒意，没有任何怨言，更没有以功臣自居，而是很欣慰安详地隐于烂漫的春色之中。“丛中笑”三字，以传神之笔写出了梅花与山花共享春光的喜悦。特别是“笑”字，写出了梅花的神韵，既谦逊脱俗，又豁达大度的精神风采，极大升华了词的艺术境界。在陆游的原词中，梅花是遭“群芳妒”的，与众花是对立的，且以“香如故”自命清高，表现了她脱离众芳、孤芳自赏的情绪。毛泽东此词的结尾，突出梅花“丛中笑”的风度，从自喻的角度看，内含是他的人格志趣的外化物；再进一步引申，则表现了共产党人斗争在前，享受在后的崇高美德和奉献精神。毛泽东的这首词是前无古人的，无疑也是“梅文化”的最高表现形式。

不但古代的文人墨客对梅花情有独钟，近现代的许多伟人、名人也与梅花有着不解之缘。京剧大师梅兰芳一生爱梅，并善于画梅，并将他的书斋命名为“梅花诗屋”。在中国沦陷于日寇铁蹄下时，为了表示不愿受屈辱，他蓄须明志，保持了民族气节。而当 1944 年他得知中国军队对日作战获得大捷时，他立即起身画了一支报春的红梅，并以“春消息”为题，表示对抗日胜利的期望。

革命烈士方志敏也以梅花作为座右铭来勉励自己，他在卧室里挂有一幅自勉联：心有三爱奇书骏马佳山水，园栽四物青松翠柏白梅兰，以表示他愿为革命事业献出一切的精神。

鲁迅曾将梅花作了个非常形象的比喻，“中国真同梅花一样，看她衰老腐朽到不成一个样子，一忽儿挺生一两条新梢，又恢复到繁花密缀，绿叶葱茏的景象了。”他还请人为他篆刻了“只有梅花是知己”的石印，来抒发自己的高洁情怀。

陈毅元帅喜爱梅花不畏严寒，独步早春的精神，深情地写下咏梅佳句“隆冬到来时，百花迹已绝，梅花不屈服，树树立风雪”来鼓舞大家。

的确，梅花，尤其是红梅以其铮铮铁骨象征着中华民族的许多高尚的品格，电影《海外赤子》中的插曲《我爱你中国》中有一句歌词唱得好“……我爱你红梅品格……”，就形象地比喻了中国人民具有红梅般的品格。

由于梅花经常是顶霜傲雪地开放，因此，人们也常将她比作视死如归的革命烈士。如歌剧《江姐》中的插曲《红梅赞》，就表达了革命志士如红梅一样的意志和宁死不屈的英雄气概，歌中唱道：

红岩上红梅开，千里冰霜脚下踩，
三九严寒何所惧，一片丹心向阳开。
红梅花儿开，朵朵放光彩，
昂首怒放花万朵，香飘云天外，
唤醒百花齐开放，高歌欢庆新春来。

这首歌曾鼓舞了一辈又一辈人，在和平年代人们学江姐，主要是把红梅的不畏艰难险阻，迎着困难上的这种精神用到了平凡的工作中。在民间，广泛流传着“不受一番冰雪苦，哪得梅花绽放”、“梅花香自苦寒来”的谚语，目的在于激励有志之士，若能先吃一番苦，肯定会有甜上甜的最终目标。可见梅花还具有鼓舞人们争先上进的作用。

梅花研究专家陈俊愉院士也曾亲自提写了一副对联：山阻石拦大江毕竟东流去，雪压冰欺梅花依旧笑春风。来展示了梅花不畏强暴、坚韧不拔、大度豁达、充满乐观的精神风貌。陈俊愉本人在十年浩劫中惨遭迫害，被整得妻离子散、家破人亡。但是他毫无怨言，仍然乐观的、满怀热情地投入梅花研究，所以说，这首诗也是他人生的真实写照。

除了写诗作画外，人们还用各种乐器来演奏梅花。《梅花三弄》就是中国十大古曲之一。此曲最早是东晋桓伊所奏的笛曲，以后从南朝至唐间，笛曲《梅花落》较为流行。后又将《梅花落》改编移植为古琴曲《梅花三弄》。正如古书所记载“桓伊出笛吹三弄梅花之调，高妙绝伦，后人入于琴”。关于《梅花三弄》的乐曲内容，历代琴谱都有所介绍，南朝至唐的笛曲《梅花落》大都表现怨愁离绪的情感。明清琴曲《梅花三弄》多以梅花凌霜傲寒，高洁不屈的节操与气质为表现内容，“梅为花之最清，琴为声之最清，以最清之声写最清之物，宜其有凌霜音韵也”。此曲结构上采用循环再现的手法，重复演奏整段主题三次，每次重复都采用泛音奏法，故称为《三弄》。1972 年，王建中又将它改编成钢琴曲，音调取自此曲，表现的主题是毛泽东的诗词《咏梅》。

文人们还根据梅花各方面的特点总结出与梅有关的“梅之佳友”如：岁寒三友——松、竹、梅；花中四君子——梅、兰、竹、菊；雪中四友——迎春、冬梅、水仙、山茶；五清——梅、竹、松、水仙、月季；五洁——水、月、松、竹、梅。

中国人历来认为梅花是“快乐、幸福、长寿、顺利、和平”的“五福花”，因此，至今以梅花命名的事物有许多：如气功中有“梅花桩”，曲艺里有“梅花大鼓”，安徽有“黄梅戏”。而“梅雨季节”也是由于她与梅子果实成熟的时间恰好相符而得名。另外，许多地名也与梅花有关，仅武汉市，就有梅子山、梅里、梅城、梅溪等。另外，我们国家在戏曲界最高的奖项被誉为“梅花奖”，她设立 20 多年来，已经有包括几十个剧种在内的几百位艺人荣获此殊荣。

中国还有许多与梅花有关的习俗。如“抛梅求婚”，讲的是当青年男女相聚时，姑娘把梅子抛给自己钟爱的小伙子，以表示爱慕之意。至今，人们将男女结为“百年之好”也称为“媒合之果”，这其中的“媒”也与“梅”有关。

梅花在庭院中的配置可分为两种方式：一种是开辟专园及山坡、山岭、水涯、溪畔大片栽植，取名梅园、梅岭、梅坞、梅溪、梅亭等。开花时，香飘数里，落英缤纷，宛如积雪。另一种是在庭院中，或植于建筑的一角，或配以山石小品，或以松、竹混栽，称“岁寒三友”。我国有许多著名的梅花观赏区，如无锡梅园，杭州的灵峰梅花园，武汉的磨山梅园，苏州的邓尉梅花园，南京梅花山的“梅花世界”，昆明的黑龙潭公园，青岛十梅庵梅园，台湾的雾社梅峰等。

梅花不仅可以用于园林，而且可以作为盆景观赏。梅花盆栽讲究虬枝屈曲，姿态古雅，应遵循“以曲为美，直则无姿；以欹为美，正则无景；以疏为美，密则无态。”的造型原则。用这样的赏梅规则去造型，才能在咫尺方寸中，感受到梅花的魅力。

提起梅花的寿命，她可以称得上是“老寿星”了，现在百年的梅树都已不算稀罕了。在昆明有一株“宋梅”，有千余年的高龄了，已老态龙钟，每年仍开花结果。而浙江还有一株“隋梅”，已历经 1 300 多年的雪雨风霜，至今仍枝繁叶茂，寒冬腊月，吐露芬芳。现在湖北又发现一株“晋梅”，其树龄尚待进一步鉴定后确认。这些古梅树经过千百年的风雨沧桑，确实值得一观，尤其是赏梅很讲究赏“老梅”。

梅的果实是球形，俗称梅子，味酸。梅子可制蜜饯和果酱，未成熟的梅子加工成“乌梅”，可供药用或作饮料用，有的还可以用作烹饪材料。相传典故“望梅止渴”中所说的“梅”就是指梅花的果实，可见梅果确实有让人“垂涎欲滴”的魅力，如同久旱时的甘露让人解除了干渴之苦。

在中国园林园艺和林业界，陈俊愉院士的名字家喻户晓。他对中国梅花研究做出了重大贡献。他是继宋代范成大的中国第一部梅花专著《梅谱》之后对梅花进行系统研究的第一人。他用二十年时间完成的《中国梅花品种分类》是中国乃至世界上目前关于梅花分类最完善的专著。他主编了世界上第一部图文并茂、全面系统介绍梅花的《中国梅花品种图志》(1989 年)和另一部著作《中国梅花》(1996 年)，并在梅花品种分类上创立了世界上独一无二的“二元分类法”，进而形成了花卉品种分类的中国学派。

1998 年 11 月，陈俊愉院士及他领导的中国梅花腊梅分会，被国际园艺学会授权为梅花及果梅的国际植物登录权威。陈俊愉院士也成为获此资格的第一位中国园艺专家。但这种殊荣并不是陈俊愉院士从事梅花研究的句号，他下个目标是把中国梅花推向世界。因为梅花的故乡在中国，把她推向世界，也是中国的光荣。

生在深谷自芬芳

——兰花鉴赏

兰花也是“中国十大名花”之一，被誉为“花中君子”。人们认为兰花的观赏价值在松、竹、梅之上：竹有节而无花，梅有花而无叶，松有叶而无花。惟有兰花，既有花又有叶还有香，赏兰花还有“观叶胜观花”之说。兰花姿态端秀，颜色素而不艳；而兰花之香，有“香祖”、“国香”、“王者之香”、“天下第一香”等美誉。为了这个缘故，她便成为“不与凡俗为伍”的君子以及真挚友谊的象征。种兰较种其他花卉难得多，而她的花又高洁脱俗，人们公认她具有高贵的性格，其原因即在于此。兰花身怀异香却甘于寂寞，生长在穷乡僻野，不与百花争艳，不求在世上闻名。因为古人称具有高尚品德的人为“君子”，而兰花的品性正与君子的品德相符，所以“花中君子”的头衔是受之无愧的。

兰花是兰科多年生宿根植物，她们大都生长在深山峡谷或疏林下。人们按照兰花的生长习性，将她们分为“地生兰”和“气生兰”两大类。中国兰花大部分属于地生兰，如春兰、建兰、墨兰、寒兰、台兰等，也称“国兰”。她们的花大都小而少，色清雅不艳，高洁脱俗，幽香、淡雅、朴实、含蓄。而现在的西洋兰大都是“气生兰”，其实就是“附生兰”。她们大多产于热带、亚热带地区，附生在树干、枝条、岩石上，有“空中花卉”之称。传统的“赏兰”，主要赏的是“国兰”。“国兰”虽然不像现代西洋兰，如蝴蝶兰、卡特兰、兜兰那样花大、艳丽、奇特，但其秀外慧中的含蓄美还是使无数人为之倾倒。

中国人中十有八九喜欢兰花，尤其在南方，养兰之风尤为盛行。人们不但爱兰、养兰，而且以兰结友，互相切磋养兰技艺、交换品种。而人们更看中的是在养兰、赏兰中陶冶情操、修养身心。兰花是美好事物的象征，古人把上好的诗文喻为“兰章”，深厚的友谊比作“兰交”，朋友相契结为兄弟称作“金兰之拜”，把品行优良的子孙叫“桂子兰孙”，戏剧中年轻女角色双手的手指造型叫“兰花指”，来访的贵客被尊称为“兰客”，怀孕称为“兰兆”，佳肴称为“兰肴”。因为“蕙”也是兰花的一种，所以，当赞美一位既有才华又漂亮的姑娘时，常用“蕙质兰心”来比喻。三国时代，蜀国的刘备想借故杀掉他手下的一位谋士张裕，此人才高性傲，当诸葛亮上表求情时，刘备则回答说，“芳生兰门，不得不锄！”自此，后人也常以此话来借指嫉贤妒能和打击排挤人才。

“蕙”也是一种兰，所以许多女孩子都以“兰”和“蕙”为名。由于兰花的名气大，人们把许多与兰花没有任何亲缘关系的植物也叫作某某兰，如虎尾兰、君子兰、酒瓶兰、剑兰、米兰、玉兰、白兰、龙舌兰、木兰、文殊兰、吊兰等，真可谓“傍名牌”。

因为兰花的清幽素雅，朴实无华，洁身自好，被公认是花中个性完美的典范，所以在我国有许多人都喜欢养兰，其中包括许多伟人、历史名人。如朱德元帅一生都酷爱兰花，他养的兰花有 400 多个品种。董必武同志也非常喜爱兰花，并提出“兰有四清：气清、色清、姿清、韵清”。可见董老早已是一个养兰的“行家里手”了。陈毅元帅也曾赋诗赞美兰花：

幽兰在山谷，本自无人知，
只为馨香重，求者遍山隅。

抒发了人们对兰花高傲性格和刚毅气质以及她的雅洁神韵的赞美，也生动表达出人们对兰花的那份痴迷与疯狂。

张学良将军也喜欢养兰，在台湾养兰花二十多年。他还将自己钟爱的一株“爱国兰”赠送给被誉为“中国春兰之乡”的浙江绍兴市。孔子也十分欣赏兰花，他曾说：兰生于深谷，不以无人而不芳。兰花象征着隐逸的美，她常常生长于多荫的幽谷。据说她有“孤芳自赏”的美德，不管人们看不看她，总是在默默地开放。而且极不情愿被移植到繁华的城市里去。一旦她被人们移植到城市里，必须以其顺其自然的本性生长起来，否则便会枯萎而死。所以，人们还常常称之为“空谷幽兰”、“空谷佳人”。古时，常以此况比喻不愿与统治者同流合污的“隐士”，而如今，人们则多将她比喻为默默无闻的奉献者。

一株名贵兰花为什么会博得人们的如此青睐呢？不仅因为她“姿、色、香、韵”都具备了名花的特点，而且她的高雅圣洁，还代表了中华民族的悠久文化。懂兰、爱兰的人首先是观其“姿”，兰花的花姿叶态都十分优美典雅，她的花箭刚健挺拔，气宇轩昂，花开之时亭亭玉立，绰约多姿；叶姿青翠葱茏，柔中有刚，疏密有致。而且赏兰还讲究“看叶胜看花”。其次再去品其“色”，素色兰花的叶常年青碧莹润、如翠似玉。而她的花色冰洁素丽，清淡含娇，雅而不俗，丽而不妖。再者是闻她的“香”，其香更是居群香之首，自古以来，兰花被誉为“国香”、“天香”、“王者之香”，其特点一是浓郁而不刺鼻，二是香气悠长而穿透力强。她的香味是很微妙的，并不刻意取悦任何人，可是当人们欣赏她的时候，其香四处飘逸，真是幽香清远，超凡脱俗。有“一枝在室，满屋飘香”之说。诗家由此赞叹道“虽无艳色如娇女，自有幽香似德人”。幽香美是兰花鉴赏的灵魂。和谐美是兰花鉴赏的根本。最后说其“韵”。养兰爱好者，就是从兰的素雅、叶的优美、味的馥香中去欣赏其“韵”。由于她“兰在幽林亦自芳”才被世人赏识，由于她“不因贫寒而猥琐。不为无人而不芳”的高尚品德，才被历代人赞颂。

有的诗人则将兰花比作美女，北宋文豪苏东坡在他的《题杨次公春兰》中赞美道：

题杨次公春兰

（宋）苏东坡

春兰如美人，不采羞自献。
时闻风露香，蓬艾深不见。
丹青写真色，欲补离骚传。
对之如灵均，冠佩不敢燕。

诗人把春兰的风姿直接描写成美人，春风雨露下的兰花，幽香远溢。她藏在乱蓬萧艾之中，只闻其香，却不见其姿。苏东坡要以丹青描绘兰花的真容，以补屈原《离骚》屡次写兰花不成功之不足。要像屈原（字灵均）那样，以兰为友，高冠佩剑不敢亵渎她。

南宋学者朱熹的这首《兰》则咏的是秋兰：

雪径偷开浅碧草，冰根乱吐水红芽。
生无桃李春风面，名在山林处处香。

总之，兰花以她的高洁、脱俗、淡雅、朴实、含蓄的品格，赢得了国人的喜爱。中国文人喜欢将兰花比作谦谦君子，说她“终年不凋，幽香清远，神静韵高”。所以有不少人爱兰、养兰、写兰、画兰、以兰会友。养兰的人不仅仅为了观赏其幽姿淑态，闻其袭人的芳香，更多的是希望通过养兰来达到修身养性、陶冶情操的目的。所以说兰花不愧是“君子的典范和楷模”。

宁可焚身不毁节

——竹子鉴赏

竹子是禾本科多年生常绿草本植物。竹子是东方特有植物，全世界约有1 200种，我国就有300余种，面积4 600万亩，仅次于印度，居世界第二。

《竹谱》上说：竹“不柔不刚，非草非木”。虽说她是草本植物，但其茎干呈木质，中空有节，叶似剑鞘。因为竹与松、梅一样都具有顶冰雪、战寒霜的优秀品质，被中国古今文人们所敬慕，被誉为“岁寒三友”，并以此比喻在艰苦条件下，同甘共苦、风雨同舟的友谊；又因其具有谦谦君子之风，具有崇高的品质，故又和梅、兰、菊并称为“花中四君子”。

竹子奇形别致，颜色奇特，外表坚硬、笔直、光滑，有的如绿草盖地，有的如巨树参天，还有的茸茸可爱，有仅高10厘米的菲白竹，有丛生簇发的孝顺竹。在桂北地区，生长着高达30米，胸径达90厘米的毛竹，可算做竹中“巨人”了。

竹子不以娇艳的花来吸引大家，而竹之神韵在于“翠”。无论是她那婆娑飘逸的叶子，还是那油亮挺拔的枝干，总是那样如玉般的晶莹翠绿。当你步入竹林时，映入眼帘的是“竿挺叶茂，一碧如洗的玉立竹森林”。即使在冰雪严寒的冬天，仍是翠绿如初。古人形容竹子的美，以“檀栾婵娟，玉润碧鲜”来比喻恰到好处。白居易也在《题卢秘书夏日新栽竹二十韵》中写到“几声清淅沥，一簇绿檀栾”，这些都是描写竹的“翠”。

竹夏不怕暑热，冬不畏严寒，生长在贫瘠的土地上，砍伐以后又生长出来。刚生长出来的竹的“嫩茎”称为“竹笋”，尤其是在雨后，“笋”便陆陆续续地顶出土。因此，就有“雨后春笋”这句成语，形容新生事物又多又快地涌现出来。又因竹子的成株具有木质化的茎，非常坚硬，表面光滑，古人常以“玉可碎而不改其白，竹可焚而不毁其节”，来比喻宁死不屈、宁折不弯的气节，因此她还有“高风亮节”之美誉。

竹子在自然界中是那样的朴素无华，她虽无桂花、茉莉那样以葱郁芳馨吸引人，也不比杨柳那样以婆娑妖媚迷人，更难敌玫瑰、牡丹那样以俊俏富丽娇人，竹自有独特的景观。她美而不俗，淡中见雅，观赏性极佳。自古以来，竹子在东方园林园艺中就占有极其重要的地位。形容竹子可以用“生、形、体、色”四个字来描述。生，百笋齐发；形，潇洒飘逸；体，婀娜多姿；色，青翠欲滴。扬州的瘦西湖的“个”园、北京的紫竹院、成都的望江公园，都是以竹子为主题的东方式园林，可见其魅力所在。在中国南方的园林中几乎没有不用竹子来造景的，像“茂林修竹”、“竹径通幽”、“水中竹影”、“移竹当窗”、“竹林夹径”等以竹子为景的景观，随处可见。

竹子是东方文明的缩影和见证。早在1万年前竹弓箭就是我们祖先以猎食野兽为生的射杀工具。直到今日，竹弓在云南傣族、景颇族的放牧中仍在使用。西周时期，竹材被广泛利用，有了“籓笆工”的职业，并有了茇、簟、箕、筵等竹器。到秦朝时，有所谓“渭川千亩竹……其人皆与千户侯”等之说，可见当时竹子已在经济生活中占有重要地位。汉朝则设“司竹长侯”职官，专门管理竹林，取竹材建造宫殿。东汉许慎编撰的《说文解字》与竹子有关的部首，汉字就有151个，涉及到当时生产、生活的各个方面。其中，直接与文化有关的就有篇、籍、箫、笔、笙、竽、筝、篆、笛等汉字。晋代时，竹子已被用作造纸。在中国古代，竹的应用从生活器具逐渐扩大到竹工艺品的制作商，竹编和竹刻工艺体现了不同时代人们的艺术造诣，丰富了社会物质和精神文化生活。

以中国为中心的东方竹文化，覆盖了日本、菲律宾、印度尼西亚、马来西亚、泰国、越南、缅甸、老挝、柬埔寨、印度等国的广大地域。在东亚的历史进程中，竹子与东亚各民族和谐相处，她的巨大奉献成为早期部族赖以生存的天赐之恩。据统计，竹子的用途多达千种以上，在印度称竹子为“穷人的木材”。中国被称为“竹子文明的国度”，我国南方各民族祖祖辈辈与竹有不解之缘，竹子在亿万民众的生存繁衍中形成了“东方竹文化”。“竹文化”贯穿于民族的宗教和民俗中，如在庆典和娱乐等诸多方面，如苗族的“鼓社节祭祖”，纳西族的“神柱”，阿昌族婚嫁的“金竹门”，彝族的“竹山求子”，傣族的“高升”、“孔明灯”等。还有许多民族共有的“竹竿舞”，汉族的“青梅竹马”等都与竹子有关。

中国人，尤其是生活在南方地区的人们对竹子尤为青睐，其中一个重要的原因是她的实用价值。中国人用竹的历史十分悠久，唐宋时，竹是生活在长江流域和岭南地区人们生存的必需物。苏东坡曾这样评价她的功用：食者竹笋，庇者竹瓦，载者竹筏，炊者竹薪，衣者竹皮，书者竹纸，履者竹鞋，真可谓不可一日无此君也。

此外，竹子还可以当盛器，可做成竹筷、工艺品等。中国的“丝竹”乐器，笛、箫、笙等都是用竹做的。竹子的使用价值是任何花卉都无法比拟的，因此，有人还称竹子为“聚宝盆”、“摇钱树”。竹笋每到春天，破土而出，给人欣欣向荣，积极向上的感觉。以前，鞭炮是竹制的，称为“爆竹”，点燃时发出的声音被认为可以驱邪，所以春节时一定要放爆竹以求驱邪平安。竹对中国文化的传播，贡献也很大。在发明纸张之前，很长一段时期内，人们主要在竹板上刻字、写书，这种书，称为“竹简”，商代的竹简就是用竹片制成，它取代了甲骨，中国最早的书册便从此诞生。

竹子在食用上可谓“尽其所能”，如竹笋就能烹出各种上好的佳肴。与竹子有关的竹荪、竹茹、竹叶、竹沥、竹黄、竹根等均可以烹饪“竹膳”。现已有《竹膳》一书出版，书中列出的相关保健方就有千余种，足可见竹子浑身都是宝。宋代诗人黄庭坚也曾对食用笋进行了描述：

食笋十韵

（宋）黄庭坚

洛下斑竹笋，花时压鲑菜。
一束酬千金，掉头不肯卖。
我来白下聚，此族富庖宰。
玺栗戴地翻，觳觫触墙坏。
觳觫入中厨，如偿食竹债。
甘俎和菌耳，辛膳肠姜芥。
烹鹅杂股掌，炮鳖乱裙介。
小儿哇不美，鼠壤有余嘬。
可贵生于少，古来食共噫。
尚想高将军，五溪无人采。

在竹笋之乡浙江的湖州，仅以竹笋为主料就可以做出100来道佳肴。

竹子的使用不但丰富了人们的物质生活，随着社会的发展，她也融入了中华民族的精神世界，历代文人墨客都有钟情竹者。古代文人爱好竹子，因为竹是古人立身做人的楷模。宋代大文豪苏东坡一生爱竹并写下了脍炙人口的名篇流传至今日，诗中写道：

宁可食无肉，不可居无竹。
无肉令人瘦，无竹令人俗。

孔子教育他的弟子要像竹那样立志坚贞，劲节挺拔。唐代诗人白居易把竹的德行概括为：竹似贤者执德操。竹性直，直以立身，刚正不阿；竹心空，像竹那样虚心豁达，方能体察世间之道理；竹节贞，贞以立志，坚持正义。另外，现代诗人钱樟明对竹子也进行了赞美：

水调歌头　咏竹

钱樟明

有节骨乃坚，无心品自端。
几经狂风骤雨，宁折不易弯。
依旧四季翠绿，不与群芳争艳。

毛泽东主席在怀念家乡的诗中特意提到了斑竹，诗中所说"斑竹"是指有斑纹的竹子，又叫"湘妃竹"。相传舜帝南巡，死在苍梧之地。他的两个妃子娥皇和女英得此噩耗赶至南方，也死于江湘之间，相传，她们哭舜的眼泪洒在竹子上，留下斑斑痕迹。以后这种竹子就被称为"湘妃竹"，人们也叫她"斑竹"。

七律　答友人

毛泽东　1961年

九嶷山上白云飞，帝子乘风下翠微。
斑竹一枝千滴泪，红霞万朵百重衣。
洞庭波涌连天雪，长岛人歌动地诗。
我欲因之梦寥廓，芙蓉国里尽朝晖。

江泽民同志也题诗为竹子助兴：

俏也不争春，劲节满乾坤。

清代诗人郑板桥曾写诗《竹石》来赞美竹子：

竹　石

（清）郑燮

咬定青山不放松，立根原在破岩中。
千磨万击还坚劲，任尔东西南北风。

这是一首寓意深刻的题画诗。首二句说竹子扎根在破岩中，基础牢固。后二句讲任凭各方来的风猛刮，竹石无论受到多大的折磨击打，依然坚定强劲。作者在赞美竹石的这种坚定顽强精神时，隐喻了自己风骨的强劲。"千磨万击还坚劲，任尔东西南北风"，现在常被引用来形容革命者在斗争中的坚定立场以及遇到敌人或困难时决不动摇的高尚品格。

竹不但拥有美的风姿和坚韧不拔的品格，而且具备美的心灵。当你看到老人手中的竹拐杖、婴儿乘坐的竹车时，你是否意识到竹有一种扶老携幼的精神？当你看到农民肩上的扁担、船工手中的竹篙时，你是否联想起竹有一种助人为乐、甘当人梯的品德？你看到供人休息的竹榻、遮风挡雨的竹笠时，你也许懂得了竹那种忘我的品质。竹对待一切都是平等的，她无贵贱之分、高低之别。她不以作清洁工手中的扫帚而自卑，也不因作为画家手中的笔杆而自傲。她愿为一切喜爱她的人们而献身。竹既可做成精巧的工艺品，陈列于案头，供人欣赏；也可以做成人们日常生活中必不可少的装米的竹篓与洗菜的竹筐。她不攀高贵，不避贫寒，这才是真正的正人之德、君子之风。

竹子虽无牡丹之富丽、兰一样的芳香、梅的俏姿、松柏般伟岸，但她坦诚无私，朴实无华，不苛求环境，不炫耀自己，默默无闻地把绿荫奉献给大地，把财富奉献给人民。又因为她腹中空而且节大，表面又光亮，所以人们还称她"虚心有节"、"高风亮节"。可见竹子的精神境界是无比宽广的。

以诗画之绝位于"扬州八怪"之一的郑板桥一生便以种竹、画竹闻名于世。他心与竹相连，不但胸有成竹，且使胸中之竹跃于纸上，水墨之竹栩栩如生，创作出举世无双的艺术珍品。另外，还有一画竹高手值得一提，那就是清代的张尔荣。虽不及郑板桥出名，但他所画的竹子可与郑板桥媲美，行家对他的评价绝非溢美之词。他用笔遒劲圆润，疏爽飞动，空灵润秀，严谨自然，劲挺有骨。刚健端庄中有流利婀娜之态，宛若龙翔凤舞，深得竹子的潇洒之致，清香之气扑人眉睫。他所画的竹枝干劲削，纵健秀逸，坚韧挺拔，竹叶迎风飞舞，苍古之中饶有秀润之气。笔法秀挺硬气，皴擦较少，却神韵俱全。竹用浓墨而石取淡笔，浓淡相映，虚实相照，灵气顿显，妙趣横生，画出了竹子在艰苦的环境中顽强生长、屈曲求伸仍然不改其性的可贵品格。全图笔法谨严有致，又现潇洒之态，气势俊逸，傲然风骨让人感慨。据有关史料记载，张尔荣非常重视对竹子的实地观察，主张画竹前"必先得成竹于胸中"，所以他笔下的竹子，不仅能曲尽四时风雨及阴晴中的不同形态和变化，而且力求表现竹子的耐寒抗冰雪的坚贞之性。实际生活中，他常常把竹子比作儒家的有德君子，这也是自我人格的隐喻。正因为这样，他笔下的竹子才脱尽旧习，别具一格，为世人所爱。

许多种类的竹子都有各自的典故和趣事。除了斑竹(湘妃竹)外，还有"龟甲竹"又称作"人面竹"，在每根人面竹的顶部下端一米处，竹节的一侧均自然裂开一个小口，而其下部一条条凸起的曲线又巧妙地将竹面凸起，宛若人的笑脸。还有让人发笑的"佛肚竹"，形若让人笑口常开的大肚弥陀佛。在非洲的坦桑尼亚生长有一种"酒竹"，能溢美酒。每当人们想喝酒时，就把竹子砍回家，插在瓶中，一晚上可流出一瓶 30 度左右的酒。在阿尔卑斯山脚下生有一种小竿粗竹，又叫"催眠竹"，若靠近她，人或动物马上会昏昏欲睡，若误食了竹叶，将酣睡一天一夜。还有的竹子可以生出"宝石"，在斯里兰卡就有这样的奇竹，叫"宝石竹"，在她的竹节间营养物质积存硬化，形成一种浅蓝或碧绿色的宝石，可以作为装饰品。

此外，中国还有很多与竹有联系的成语、俗语，如："爆竹报平安"、"竹梅双喜"、"胸有成竹"、"青梅竹马"、"势如破竹"、"立竿见影"、"雨后春笋"等。

竹子平时不开花，她们是靠生长在地下的茎——竹鞭繁殖后代的。竹鞭是横着长的，也分成许多节，节上长着许多须根和芽。这些芽长出地面，就成为竹笋或竹子。当竹子受到不良环境的影响，比如土壤中的养分不足时，就会成片地开花、结籽。由于开花要消耗她们体内的很多营养，本来养分就不够用的竹子就会死亡。所以，竹子"开花后死亡"是在不得已的情况下保存种子、繁殖后代的一种特殊的生存方式。等到以后环境条件变好时，种子萌发，竹子再度生长。竹子开花后死去是植物世界里最奇异的现象之一。所以有人说"竹子开花，拼死一回"的说法，看来竹子临死前也要用最后的力气将其后代繁衍下去。众所周知，竹子也是我们的国宝——大熊猫的食物，竹子开花，就意味着他们将面临断粮的危险。20 世纪 80 年代中期，大熊猫栖息地——卧龙自然保护区，大片箭竹开花，国宝面临生命威胁。当时，全国掀起保护、救助大熊猫活动，有人专门谱写了《熊猫咪咪》这首歌来呼吁全社会都来关心大熊猫。歌中唱道："竹子开花罗喂，咪咪躺在妈妈的怀里数星星，星星呀星星多美丽，明天的早餐在哪里？咪咪呀咪咪请你相信，我们没有忘记你，高高的月儿天上挂，明天的早餐在我心底。请让我来帮助你，就像帮助我自己，请让我去关心你，就像关心我们自己，这世界，会变得更美丽。太阳出来罗喂，照亮我也照亮你，一样的空气我们呼吸，这世界，我和你生活在一起。"全国人民在它的感染下，纷纷为大熊猫解囊捐款，国际组织也予以了一定的援助，使得我们的国宝安全渡过了难关。

中国人民种竹、食竹、用竹、爱竹、赏竹、咏竹、画竹，并从竹子身上学到了许多东西：首先是她顶冰雪、战寒霜的大无畏精神；再就是她坦诚无私，朴实无华，不苛求环境，不炫耀自己，默默无闻地把自己的财富奉献给大地的无私精神；以及她"虚心有节"、"高风亮节"的高尚品质。古人对她的总结是对她最好评价"根生大地，吸取甘泉，未出土时便有节；横枝云梦，叶拍苍天，及凌云处尚虚心"。竹子给予我们的不仅仅是物质上的东西，更可贵的是精神上的享受。

战地黄花分外香

——菊花鉴赏

菊花也是“中国十大名花”之一，有“高风亮节”的美誉。

菊花是菊科多年生宿根草本花卉，大都秋季开花，花形花色极为丰富、美观。菊花原产于中国，先传入欧洲，后又传入日本。

菊花在中国已有三千多年的栽培历史，种类繁多，现在全世界有近两万个品种，我国就有近两千个品种。据说，在动物中属狗的种类最多，而在植物中则是菊花可以称冠了。早在宋代就有了菊花专著《菊谱》5～6 部，列出的品种已有 163 个，菊花栽培也由露地自然栽植过渡到整形盆栽。南宋范成大在《范村菊谱》中提到，苏州有个花匠能使一棵菊株上开出几十朵花，这大概就是现代的“大立菊”的“原始型”吧。而“大立菊”是一种菊花的艺术栽培形式，就是通过嫁接的手段使得一株菊花可以开出上千朵花来。当时，还有用小菊结扎成宝塔、门楼等形状的扎景。此外，自宫廷开始，渐至民间每年有“赛菊会”等观赏活动，可见菊花历来为中国人所喜爱。

菊花是中国的传统名花，她集“色、香、姿、韵”于一身。第一，其“色”，真是瑰丽缤纷、光彩炫目，其色彩之全跃居百花之首：白、黄、粉、青、紫、蓝、绿、橙、枚红、紫红、棕红、乳黄、金黄、淡黄、墨紫、墨红……几乎占据了色谱上的所有系列。第二，其“香”，陶渊明曾这样赞美她“芳熏百草，色艳群英”，可见菊花的“香气”也是不同寻常的。第三，其“姿”，真是仪态万千、风貌迥然。有的端庄大方，有的龙飞凤舞，有的垂首含羞，有的热情奔放，有的刚劲沉稳，有的风姿飘逸……菊花以她五彩缤纷的颜色、芳熏百草的香气、千姿百态的风姿互相搭配，妙不可言，共同构成了菊花独有的“韵”。也正因为如此，才引得历代文人墨客为她挥毫泼墨，大加赞颂。我国最早写诗赞美菊花不屈不挠精神的是晋代大诗人陶渊明，他吟道：

芳菊开林耀，青松冠岩列。
怀此贞秀姿，卓为霜下杰。

著名诗人陆游也曾赞吟菊花：

纷纷零落中，见此数枝黄。
高情守幽贞，大节凛介刚。

在古人的咏菊诗中，当属唐末农民起义军领袖黄巢的两首立意最为深远：

题菊花

（唐）黄巢

飒飒西风满院栽，蕊寒香冷蝶难来。
他年我若为青帝，报与桃花一处开。

不第后赋菊

（唐）黄巢

待到秋天九月八，我花开后百花杀。
冲天香阵透长安，满城尽带黄金甲。

从诗可看出作者好一派叱咤风云、气吞山河的英雄气概和改天换地、扭转乾坤的远大政治抱负。著名导演张艺谋执导的电影《满城尽带黄金甲》的片名就是根据黄巢的这首诗而来。菊花性格刚烈，不惧霜凌寒威，因此晋朝诗人袁崧则对菊花这样评价：

灵菊植幽崖，擢颖凌寒飚。
春露不染色，秋霜不改条。

说她在寒风袭来时不畏严寒，仍然呈现出蓬蓬勃勃的生机。当春天百花争艳时，菊花虽也沐浴着春光春露，但她不因环境好而改变自己的本性，去争奇斗葩凑热闹；秋天来了，当群芳枯萎时，菊花虽然也承受着严霜的打击，仍不改变自己本来的形象。晋代文学家陶渊明对现实失望，从官场退居田园，过着耕田、读书、饮酒、采菊等隐居生活。他对菊花的情有独钟为世人所熟知，写过许多赞颂菊花的诗，特别是那首：

采菊东篱下，悠然见南山。
山气日夕佳，飞鸟相与还。

这脍炙人口的诗句，流传至今，最为著名，他也被人们称为“菊仙”。由于他留下的诗文太多，并与菊花有着千丝万缕的联系，所以，在后世的咏菊诗中，陶渊明也成为菊花的代名词。著名诗人杜甫就曾写诗道：

每恨陶彭泽，无钱对菊花。

如今九日至，自觉酒须赊。

因为陶渊明做过彭泽县令而得名“陶彭泽”。那时，“九九重阳节”有登高赏菊、饮菊花酒、戴茱萸囊的风俗。这一年，九月九又将来临，杜甫也想赏菊花，但付不起钱，他憎恨这个不平等的社会，又不敢直说，只好“忌直言，贵曲笔”，拐弯抹角地把心中不平发泄出来。另外，还有位宋代女诗人朱淑贞对菊花进行了这样的赞美：

菊　花

（宋）朱淑真

宁肯抱香枝头老，不随落叶舞秋风。

因为菊科植物在秋季花瓣大都枯死在植株上，而不像其他花卉花瓣纷纷扬扬地散落在地上。所以，诗人赞美她不随波逐流，不被恶势力吓到，坚持真理、正直不阿的高尚品德。陈毅元帅也赋诗以颂菊花的这种品德：

秋菊

陈　毅

秋菊能傲霜，风霜重重恶。

本性能耐寒，风霜其奈何。

陈毅元帅托物言志，表达了自己对菊花那种面对邪恶势力，威武不屈精神的敬仰之情。北宋诗人苏轼在《赠刘景文》中则从另外的角度评价菊花：

荷尽已无擎雨盖，菊残犹有傲霜枝。

可见菊花所代表的不仅仅是“不畏强暴，正直不阿”的大无畏精神，她也象征着“自强不息”的精神。后人常引用这句诗来鼓励残疾人不要自暴自弃，要自强不息，奋勇前进。

人们不但为菊花题写词赋诗，而且还由菊花引出了不少风趣的故事。被后人称为“唐宋八大家”的王安石写了一首《残菊》诗：黄昏风雨瞑园林，残菊飘零满地金。欧阳修读了之后，笑曰：百花尽落，独菊枝上枯耳。又开玩笑似的说：秋英不比春花落，为报诗人仔细看。王安石回说“是岂不知《楚辞》‘餐秋菊之落英’，欧阳修不学之过也”。他们争论的重点是菊花花瓣落与不落的问题，那么，菊花落还是不落呢？其实，这只是品种的不同，虽然大多数菊花品种是不落花瓣的，但也有少量品种是落瓣的，只不过较罕见罢了。

后来，苏东坡又因菊花与王安石发生了争论。一天，他到当朝丞相王安石府上拜访，在书房等候接见。突然，他看到一首题为《咏菊》的诗稿，上面只有“西风昨夜过园林，吹落黄花遍地金”两句诗，没有完稿。他认得这是王安石的笔迹，但却想不通王安石怎么会吟出这有悖情理的诗句来。因为据他看来：黄花即菊花。老来会焦干枯烂，并不落瓣。说个“吹落黄花满地金”，岂不是错误了？这么一想，苏东坡不由兴之所发，便依韵续了两句诗：秋花不比春花落，说与诗人仔细吟。

王安石得知苏东坡续诗讥讽自己之事，便决定给他一个教训。因为王安石所咏之菊乃是秋季落瓣的特殊品种，产于黄州。不久，苏东坡被任命为黄州团练副使。果不其然，在苏东坡赴黄州上任后的那年重阳时节，连日大风，苏东坡与来访的好友陈季常一道去后花园赏菊花，只见菊花棚下满地遍洒黄灿灿的菊花，这一情景令苏东坡目瞪口呆，半晌说不出话来。陈季常见而生疑。苏东坡便坦诚地说道“季常有所不知，平常见此花只是焦干枯烂，并不落瓣。去岁在王荆公府中，见他《咏菊》诗二句，道：‘西风昨夜过园林，吹落黄花满地金。’小弟只道此处错了，续诗二句道：‘秋花不比春花落，说与诗人仔细吟。’却不知黄州菊花果然落瓣！王老左迁小弟到黄州，原来使我看菊花也。”难能可贵的是，苏东坡在事实面前勇于承认错误，从此变得谦虚多了。

毛泽东同志也爱菊花，尤其喜欢菊花那种抗严寒、傲冰霜的气魄。他在早年写的《采桑子·重阳》一词中“战地黄花分外香”，更是咏菊的名句：

采桑子　重阳

毛泽东　1929 年

人生易老天难老，岁岁重阳。
今又重阳，战地黄花分外香。
一年一度秋风劲，不似春光。
胜似春光，寥廓江天万里霜。

后来，毛泽东主席将他在中南海丰泽园的书房命为“菊香书屋”。

历代的文人墨客都喜欢把菊花作为歌咏描绘的对象。古画里就有“梅、兰、菊、竹”四条屏。不少诗词把菊花人格化，将她当作安贫乐道、不慕荣华、有骨气的人的象征。由于菊花在一年中开得最晚，所以人们也常用“黄花晚节香”来赞誉她，尤其是以她比喻老年人仍保持晚节。因此，在给长者送花时，可以配以菊花，以赞颂对方保持晚节。而多数人更以菊花来比喻中华民族正直不阿，不被恶势力吓倒的气节。

古人认为常食菊花能延年益寿，又把她叫做“长寿花”。她常在农历九月盛开，古人把鲜菊花与米掺杂酿制成酒，在农历九月九日重阳节举行菊展时，赏菊饮酒，陶冶性情。这一风俗一直流传至今。菊花的根、叶、花均可入药。菊花茶可消暑解酒，明目清火，当你夏季去饭店就餐前，店家常要先上一杯来清喉解暑。菊花是中国人十分喜爱的吉祥之花。传统吉祥画卷有“杞菊延年”，画面为枸杞和菊花，寓意益寿延年。

人们不但培育出了成千上万的菊花品种，总结了一套栽培经验，而且创造出各种各样的艺术栽培菊花的方法，如“大立菊”，就是将菊花嫁接在野生蒿子上，使得一株菊花可以开出几千朵花。目前的世界记录在 5 600 朵以上。“塔菊”、“蟠龙菊”也是通过嫁接可以开出千百朵花来，只是造型好似蟠龙或宝塔形。“案头菊”则是专门摆放在桌、台、案、几上的一种矮化的菊花，一般在 25～35 厘米高，专为伏案工作的人士休息时消遣观赏而培育的。标本菊是专门用于展览的菊花。她分为独本菊，即一株一干一花，三本菊、六本菊、九本菊则是一株三干三花、六干六花、九干九花。盆景菊则是专门用于盆景中的菊花栽培形式。她分为树桩菊和悬崖菊。树桩菊是使菊花的枝干从其他苍老树干中穿过，让菊花开在老树干顶端。而悬崖菊则是将菊花中的小菊修剪成悬崖峭壁式，犹如飞流直下的瀑布，显得十分壮观。

过去，我国全国规模的“菊展”每四年一次，现在改为每年都举办一次。而一些省、地区以至有些县，每年都举办“菊花展”。每到那时，各路养菊高手将自己的上等杰作拿来展示，真可谓群芳争奇斗艳，美不胜收。游客也能借此机会一睹菊花的风姿。

从古至今，人们以菊花为题写菊花散文、诗，画菊花图，饮菊花酒，品菊花茶，品尝菊花烹制的佳肴，赏菊花的风姿，共同形成了独特的“菊花文化”。

菊花具备以下品格和精神：首先是不慕荣华、有骨气的高尚品德和不随波逐流，不被恶势力吓到、正直不阿的大无畏精神；其次是自强不息，奋勇前进的精神；另外就是“黄花晚节香”，即象征人到了晚年仍然保持晚节的高贵品质。

大雪压顶不弯腰

——松树鉴赏

在我国，人们对松树有着浓厚的情意，他们以歌赞松，以诗咏松，以画绘松，以文记松。古往今来，实在计算不清有多少以松命名、以松为题的鸿篇妙文和丹青杰作了。对于松树，就连封建社会的帝王都要顶礼膜拜。据史书记载，秦始皇巡游泰山，突然风雨骤至，只好在一棵大松下避雨，后来封此树为"五大夫松"。从此以后"松大夫"也就成了松树的代名词。又如，在北京北海公园团城承光殿东侧，有一株800多年的油松，乾隆皇帝曾盘桓树下，他喜欢它那浓郁如盖的树冠，因此，该树就得名"遮荫侯"。

松树属于松科植物，是较高大的乔木，大多数松科植物是常绿树木(也有落叶松)。由于松树苍劲古典，根如蟠龙，枝干如虬，亭亭如盖，所以，她是装饰园林的上好树种。我国幅员辽阔，不同种类的松树，分布于不同的地区，从南到北到处都可以看到她的身影。在东北地区有能耐－50～－40℃低温且可以生长在沙地的樟子松以及红松，而在南方地区看到的则是马尾松、云南松等，在海南岛等地则是由海南松构成的热带松林。中国人民对松树有着特殊的感情，据统计，我国全境与松树有关的地名就有90多个，例如吉林省的松源县、内蒙古赤峰市的松山区、安徽省宿松县、福建省的松溪县、湖北的松滋县，还有松嫩平原、松花江……还有许多人的名字与松有关，如叫青松、劲松、松龄等。

松树与柏树一样四季常青，尤其在北方寒冷的冬季，万木萧疏之际，其枝叶仍翠绿可爱，迎风傲雪而不改色。因为松与竹、梅一样都具有顶冰雪、战寒霜的优秀品质，因此，共同被誉为"岁寒三友"，以此比喻同样在艰苦的条件下，同甘共苦、风雨同舟的友谊。在歌曲《我爱你——中国》的歌词中曾这样唱道"我爱你中国……我爱你青松气质，我爱你红梅品格……"在这里把青松拟人化比作中国人民。其实，中国人民确实具有泰山压顶不弯腰的英雄气魄，风霜雨雪不改色的大无畏精神，所以这种称号是当之无愧的。

陶铸同志在《松树的风格》写道："只要有一粒种子，她就不择地势，不畏严寒酷热，随时随地茁壮地生长起来了，她既不要谁施肥除虫，也不需要谁来浇水灌溉，狂风吹不倒她，干旱干不坏她。只是一味地无忧无虑的生长，松树的生命可谓强矣！"陶铸同志自己就是一位只知奉献，不要索取具有高尚品格的人，他的这篇《松树的风格》也是对他自己光辉的一生真实、生动的写照。

在园林植物中，松、柏类属于"耐贫瘠植物"，即她能在非常贫瘠的地方生长，仍然郁郁葱葱，昂首挺立，给人以力量；不像其他植物必须是肥沃的土地或是需要经常施肥才能生存。如马尾松、落叶松等就可以"忍饥耐渴"，飞籽成林，只要落地沾上一点新土，她就会生根发芽成长，数十年后又向人类提供大量的木材。这种"要求于人的甚少，给予人的甚多"的奉献精神，就是"松树的风格"；这种无怨无悔，淳朴节约，默默地吃苦耐劳的精神，也正是不屈不挠、朴素忠诚的中国人人格的象征。

松树若只有几株，是形不成气势的，若要是成了林，可就势不可挡了。当你来到以松树为主的"林海"时，放眼望去，苍翠一片。再看每一株足有七八米高，昂然直指蓝天，不少长在悬崖石缝间，盘根虬枝，凛然俯视大地。那茂密的针叶，连成一片，宛如宽阔的绿色篷帐。当山风吹来，松枝随风舞动，千姿百态，似江河扬波、如大海涨潮，阵阵响声如海啸、似雷鸣，滚滚松涛大有震撼山岳之势，更有一派气吞山河之势。

现代京戏《沙家浜》里，着实把青松赞美了一番："要学那泰山顶上一青松，……八千里风暴吹不倒，九千个雷霆也难轰……俺十八个伤病员要做那十八棵青松"。陈毅元帅也写下了"大雪压青松，青松挺且直，要知松高洁，待到雪化时"这样脍炙人口的赞美诗。

松树在文人们眼里也不都是具有"大无畏的气魄"，有时他们也会借她来发泄心中的不满。他们最多的是以"涧底松"为写诗的意象。涧底松生长在深山峡谷的底层，常在小溪旁、岩石缝下生根，乱草丛中萌芽。由于生长的位置低，一般显不出她的苍翠葱茏之色、伟岸挺拔之姿，但她却是松树中的佼佼者。这主要是因为涧底松深入沃土，能够吸取充足的水分和营养，所以生长速度快、成材率高，一棵棵涧底松枝荣叶茂，郁郁葱葱，能提供给人类以丰厚的木材。据说，同样一棵松，若生在涧底，不过三十几年就能合抱；若生长在悬崖峭壁，即便百年也未必成材。庐山仙人洞飞云崖上一棵石松，据说已有500多年的历史了，至今不过一人多高。但大多数人只能看见屹立在悬崖峭壁上的松，而看不到涧底松，就是因为她的地位太低。所以古代的文人墨客常借用"涧底松"来抒发自己怀才不遇的感慨。唐代伟大现实主义诗人白居易就曾以《涧底松》为题对这个不公平的社会进行抨击：

涧 底 松

（唐）白居易

有松百尺大十围，生在涧底寒且卑。
涧深山险人路绝，老死不逢工度之。
天子明堂欠梁木，此求彼有两不知。
谁喻苍苍造物意，但与之材不与地。
金张世禄原宪贤，牛衣寒贱貂蝉贵。
貂蝉与牛衣，高下虽有殊，
高者未必贤，下者未必愚。
君不见沉沉海底生珊瑚，历历天上种白榆！

该诗所指的“围”是计量圆周的约略单位，即两手之间合拱的粗细。“寒”指孤寒，“卑”指的是低下，“度”说的是度量。这两句诗是说，涧底松到老死也得不到良工的赏识。“明堂”指古代天子宣明政教、举行朝会等大典的地方，这里指宫殿。“欠”是缺少。“梁木”指的是栋梁之材。这里“金、张”指汉宣帝时的金口和张安世，他们二人同时显贵，金家自汉武帝时起，至汉平帝时止，七代为内侍。张安世子孙相继。左思《咏史》说：金张藉旧业，七叶珥汉貂。所以后来便用“金、张”代表贵族。世禄：世代俸禄优厚，指官做得大。原宪，字子思，是孔子的弟子，很有才华，但生活贫困。牛衣是给牛御寒用的覆盖物，用乱麻或草编成，这里也指贫者的衣服。貂蝉：冠上的装饰品。汉时侍中、中常侍等武官冠上插貂尾，附以金蝉。这句说：牛衣的寒贱哪能比貂蝉的高贵。珊瑚是产于热带海洋中的一种腔肠动物“珊瑚虫”所分泌的右灰质骨骼，状如树枝，多为红色，可做装饰品。古人曰：天上何所有，历历种白榆。诗中后两句是说，珊瑚生长在深深的海底，而榆树却种在高高的天上，白榆是一种质量不好的木料，当然不能与珊瑚相比，但它却种在天上，可见高者不一定贤，下者不一定愚。

晋太康年间诗人左思写道：郁郁涧底松，离离山上苗。以彼径寸茎，荫此百尺条。可见，在封建社会里，多少文人才子报国有志，效力无门，不得不屈居寒卑，老死田园；而那些白榆之类的碌碌庸才却窃居高位，云集庙堂。

松树除了为文人赋诗赞颂外，还有许多人以“画松”的形式，表达对她的敬意之情。于是，以松树为主题的松鹤图、松山图、松石图、松溪图、松菊图、松竹梅图等众多作品应运而生。每幅图都以其他“物”来烘托主角“松”，而“松”又将每一个“配角”带动起来，交相呼应。

在长白山北麓，每当朝霞映红林海或在黄昏伴随炊烟之即，人们都会被那美丽壮观的姿态所吸引。一棵棵松树有的如仙女下凡，翩翩起舞，有的似仙鹤展翅，有的像舞女献花，有的若嫦娥奔月，还有的似美猴王倒海翻江……这些松树叫做长白松。由于长白松姿态优美、俊秀，逗人喜爱，因此，当地人都称她"美人松"，她也是吸引海内外游客来吉林旅游观光的原因之一。

自古有"五岳归来不看山，黄山归来不看岳"之说，说明黄山风景之美已到了登峰造极的地步。其实，黄山美就美在有"奇松、怪石、云海、温泉"这"四奇"上。黄山松是松树的一个种，以其奇特的树形而闻名于世。因此就有"黄山无峰不石，无石不松，无松不奇"之说。黄山松不怕山高寒冷，悬崖巨石，只要有缝便可立足，因此说"黄山奇松，破石而生，傍崖生长，千曲枝虬，苍翠挺拔"。她们千姿百态、风姿各异，有的独立于山顶，像人一样在翘首远望；有的树冠倾斜向下，犹如飞流直下的瀑布；有的两两成双，形同兄弟；有的贴着高耸的崖壁，如亭亭玉立的少女；有的悬根露爪，有的形如蒲扇，还有的树冠斜伸指向云海……一株株松树在层峦叠嶂中生长，郁郁葱葱随朝阳起霞，伴落日于暮色之中。其中最著名的便是拟人化的迎客松，她也是画家们经常画的对象。《黄山迎客松》是我国迎宾场所中不可缺少的风景图。在不少外国友人眼中，此画不仅是中国壮美山河的精华，更象征着整个中华民族宽大为怀、热情好客的精神。

松树是个大家族，家庭成员中姿态优美的可多着呢！雪松和金松就值得提一提。雪松原产于中国，而金松原产于日本。她们的特点都是树形既雄伟壮观又优美多姿。雪松高20～30米，形若一个巨大的绿色帐篷，耸立在原野之中，显得伟岸挺拔。而金松则像一把巨大的雨伞，而近看在大伞中密集着许多小伞。她的颜色是在其绿色针状叶的底面中夹嵌有一条黄色的条纹，两边镶着白色的气孔带条纹，再加上红色的鳞叶，更显得绚丽多彩。金松珍贵的另一个原因就是她的生长速度缓慢，种子来源困难，所以数量很少，所谓"物以稀为贵"。现在金松在中国也有少量引种。据说，还有一种叶子呈金黄色的金松，又称彩叶松，观赏价值更高。

在"松"这个大家族中可供炫耀的"成员"太多了，除了以上提到的黄山松、涧底松、金松、雪松以外，还有被称为"世界五大美树"的金钱松，被誉为"北国宝树"的红松……。

松树，为"岁寒三友"松、竹、梅之首，历来是国人心目中的吉祥物。"福如东海长流水，寿比南山不老松。"人们常引的这句谚语说明，松树是长寿的象征。由于鹤也寓意长寿，所以许多人常用"松龄"或"鹤龄"来命名，用"松"和"鹤"一起可寓意老人寿比南山。所以，当给长者祝寿时，可以送上一盆配有仙鹤配件的松树或真柏的盆景，也可以在花束、花篮中配以绿色的松柏枝，再加上些形似仙鹤的鹤望兰，以表示老人"松鹤延年"。

《论语》赞曰“岁寒然后知松柏之后凋也”。所以，后人还把松柏喻为坚贞不屈的革命烈士，象征他们傲骨铮铮、浩气长存。又因松、柏庄重肃穆，且四季常绿。因此，每当纪念死者时，总要以苍松翠柏的装饰来营造对他们的敬意。

苍松造福人间，人们呵护苍松。我国人民自古以来，对松树特别有感情，在宫殿、陵园，在名山大川，在名刹古寺，在村村寨寨，在城市街道到处都种有青松，她们像忠实的卫士一样日夜守护着这里的山山水水、一草一木，受到人们的赞颂。

我国目前尚未定出“国树”。据说，“国树”选定的标准应有以下条件：

(1)应选择我国特有的树种；

(2)是古老的孑遗种类；

(3)树形优美，具有观赏价值，能美化环境；

(4)具有重要的科研价值或经济价值；

(5)分布比较广泛，数量繁多；

(6)适应性强，大部分地区容易引种栽培；

(7)在我国民间有广泛影响，即必须有较深的文化渊源的积淀。

20 世纪 80 年代，我国曾组织过一次国树评选，松树和银杏平分秋色。目前，“国树”尚未确定。我们相信无论松树最终能否入选，人们都将对国树以及松树有一个新的认识。

松树的这种只知奉献，不知索取的高尚品德，泰山压顶不弯腰的英雄气魄，风霜雨雪不改色的大无畏精神是整个中华民族精神的真实写照。松树的精神和风格将千秋万代永远为人们赞颂。

国色天香压群芳

——牡丹鉴赏

牡丹是毛茛科灌木植物，也是中国十大名花之一。她品种繁多，其花色十分丰富，白、黄、粉、青、紫、蓝、绿、橙、枚红、紫红、棕红、乳黄、金黄、淡黄、墨紫、墨红……。另外就是其花形、花姿千变万化，就花瓣的层数来讲，分为单瓣与千层之分；而千层型中又有荷花型、菊花型、蔷薇型、台阁型、绣球型、金杯型、皇冠型……真可谓绚丽多姿、仪态万千。

牡丹花姿美观端庄，色彩艳丽，千娇百媚玲珑隽丽，雍容华贵落落大方，为人们所喜爱。牡丹之艳丽、妖娆可以引唐代诗人徐凝的一句诗“虚生芍药徒劳妒，羞杀玫瑰不敢开”来说明。另外还有人曾这样赞美她“春来谁做韶华主，总领群芳是牡丹”，所以被称为“花中之王”。因为牡丹万紫千红，艳压群芳，故品为“国色”，又因为她香而不酽，清沁心脾又被赞作“天香”，所以被誉为“国色天香”。

牡丹是我国特产花卉，她雍容华贵、富丽多姿，象征着和平、幸福、富裕。人们将她植于花园、庭院中或栽在盆中，则艳压群芳，香气宜人。

牡丹是中国的特产花卉，有数千年的自然生长和两千多年的人工栽培历史。若单论文化的起源，从《诗经》所记载，算起距今约有 3 000 年历史。隋炀帝在洛阳建西苑，诏天下进奇石花卉。易州进牡丹二十箱，植于西苑，自此，牡丹进入皇家园林，成为宫廷花卉。秦汉时代以药用植物将牡丹记入《神农本草经》，从而使牡丹进入药物学。出现了牡丹专著，诸如欧阳修的《洛阳牡丹记》、陆游的《天彭牡丹谱》、丘浚的《牡丹荣辱志》等。明人高濂有《牡丹花谱》、王象晋有《群芳谱》，清人汪灏有《广群芳谱》、余鹏有《曹州牡丹谱》等。散见于历代种种杂著、文集中的牡丹诗词文赋，遍布民间花乡的牡丹传说故事，以及雕塑、雕刻、绘画、音乐、戏剧、服饰、起居、食品等方面的牡丹文化现象，屡见不鲜。由此也形成了包括植物学、园艺学、药物学、地理学、文学、艺术、民俗学等多学科在内的牡丹文化学，是中华民族文化完整机体的一个细胞。透过她，可以洞察中华民族文化的一般特征，这就是牡丹的“文化全息”现象。

自古，我国以牡丹为题材的民间故事、诗词歌赋、书画作品、文学名著就非常多。进入唐代，由于牡丹成为了宫廷花卉，歌颂她的诗大量涌现，刘禹锡留下许多赞颂牡丹的诗，尤其是那首《赏牡丹》，更是人们赞颂牡丹时的必引佳句：

赏 牡 丹

（唐）刘禹锡

庭前芍药妖无格，池上芙蕖净少情。

唯有牡丹真国色，花开时节动京城。

诗中不仅赞美了牡丹的花姿、花容、花香，而且描述了当时牡丹所带来的轰动效应。另外，还有一首“花开花落二十日，满城之人皆若狂”也是形容以牡丹的魅力倾倒全城的场面。唐宋时期培育出许多当时的优良品种，如“姚黄”、“魏紫”、“欧家碧”均被誉为上品，全国也出现了大量牡丹园，种植了许多品种，由此可见牡丹在当时受到宠爱的程度。

另外，牡丹还象征漂亮女子，也代表爱情，许多文学作品都爱形容漂亮女子貌似牡丹，还有“牡丹花下死，做鬼也风流”的谚语。

盛唐大诗人李白在沉香亭咏牡丹的名句《清平调》词三首，千百年来一直为人们所传诵。相传，一天唐玄宗与杨贵妃在沉香亭观赏牡丹，歌手李龟年领着一班子弟奏乐歌唱。唐玄宗对李龟年说：“赏名花，对艳妃，你们怎么还用旧词？这样吧，你快召李白来写新词。”李龟年赶到长安大街有名的酒楼寻觅，果然见李白正和几个文人畅饮，已经喝得酩酊大醉。当李龟年向他传达圣旨时，他醉眼微睁，半理不睬地睡过去了。圣旨是误不得的，李龟年只好叫随从把李白抬到马上，推到唐玄宗面前。唐玄宗见李白醉如烂泥，便叫侍臣搀他到玉床休息，吩咐端来醒酒汤，亲自为其调试。李白躺在玉床把脚伸向高力士，要他脱靴。高力士无奈，只好憋着一肚子气蹲下来为他脱，李白才从醉梦中惊醒。唐玄宗叫他快做诗助兴。李白微微一笑，拿起笔来，不到一炷香工夫，已经写成了《清平调》词三首：

清平调词三首

（唐）李白

一

云想衣裳花想容，春风拂槛露华浓。

若非群玉山头见，会向瑶台月下逢。

二

一枝红艳露凝香，云雨巫山枉断肠。

借问汉宫谁得似，可怜飞燕倚新妆。

三

名花倾国两相欢，长得君王带笑看。

解释春风无限恨，沉香亭北倚阑干。

这三首诗，把牡丹和杨贵妃交互在一起写，花又是人，人又是花，人与花融为一体。从结构上看，第一首第一句，见了云便想起贵妃的霓裳羽衣，见了牡丹花便想起贵妃花容。下句“露华浓”，进一步描写牡丹花在晶莹的露水中显出的娇艳，使花容人面更见精神。后两句想象升腾到王母娘娘住的群玉山、瑶台、月宫等仙人世界，其实是把杨妃比作天女下凡。

第二首提到与楚襄王巫山云雨的神女，哪及眼前的绝代佳人。再说汉成帝的皇后赵飞燕，还得倚仗新妆，才勉强过得去，而眼前花容玉貌的杨妃，不需脂粉，全是天然绝色。这儿借压低神女和赵飞燕来抬高杨贵妃。

第三首一、二句把牡丹、杨妃、玄宗三位融合一体。“倾国”当指美人杨妃，第三句中“春风”二字即君王之代名词。

许多人都知道武则天怒贬牡丹的故事，它被李汝珍写进《镜花缘》一书中。传说武则天称帝时，一时兴起，在冬日下诏书，要百花齐放。一夜间，众花都开了，唯有牡丹不从，武则天一怒之下，下旨将其贬到洛阳。牡丹不畏强权，堪称花中一杰。所以有人则称颂她“管领春风一大家，肯随众卉斗豪华，天生不做寒酸像，错被人呼富贵花”。

元代诗人李孝光的《牡丹》诗，赞美她的姿色为“举世无双”，并告诉大家牡丹的栽培不好掌握又费工：

富贵风流拔等伦，百花侈首拜芳尘。

画栏绣幄围红玉，云锦霞裳涓翠茵。

天是有香能盖世，国中无色可为邻。

名花也自难培植，合费天工万斛春。

虽然牡丹雍容华贵，是富贵兴旺的象征，但她自己却不知买花人的艰难，白居易在《秦中吟》之十《买花》中就描写了无钱买花的穷人的窘迫，同时也包含了对他们的同情心：

买　花

——《秦中吟》之十

(唐)白居易

帝城春欲暮,喧喧车马度。
共道牡丹时,相随买花去。
贵贱无常价,酬直看花数。
灼灼百朵红,戋戋五束素。
上张幄幕庇,旁织巴篱护。
水洒复泥封,移来香如故。
家家习为俗,人人迷不悟。
有一田舍翁,偶来买花处。
低头独长叹,此叹无人喻。
一丛深色花,十户中人赋!

诗中说,一位贫穷的老农也来到卖花的地方想买些牡丹花,当他打听完价格便独自哀叹:一丛深色的牡丹花,需要 10 个中等收入的人交纳的税才能买得到,自己必须得榨碎了骨头才能满足贵族们的奢侈享受。

牡丹还是传递友谊的使者。早在公元 8 世纪,牡丹就被传入日本。到了 18 世纪传入英国,种在邱园,以后又从上海引去 30 多个品种。后来,法国传教士又把野生在我国云南的黄牡丹、紫牡丹先后引入法国。到了 1936 年,英国又引进了我国西藏野生的大花黄牡丹。美国也于 19 世纪从我国甘肃南部卓尼得到了紫斑牡丹。就这样,英、法、美和日本利用中国原产的这些野生种与栽培种进行种间反复杂交,先后培育出了各自国家的牡丹品种系列。现今美国已有 400 多种,法国与日本也皆在 200 种以上。这些品种或杂交系列,考其根源均来自中国。如果说"在近代月季花的生命中,流着中国月季的一半血液",那么在当今世界上所有牡丹的机体中,全部流淌着中国牡丹的血液。

大概因为牡丹的名气大,许多与她毫无血缘关系的花卉也"傍名牌",如荷包牡丹(罂粟科)、叶牡丹(羽衣甘蓝,十字花科)、松针牡丹(半支莲,马齿苋科)等,可见"国色天香"的巨大魅力。

在国内,虽然各族人的风俗习惯不同,但对牡丹的爱好却是一致的。种牡丹、赏牡丹、唱牡丹、绣牡丹、画牡丹、写牡丹以及牡丹花会,已成为各自的风俗民情。如湖北、贵州的土家族,云南的白族,以及甘肃、青海、宁夏少数民族家中庭院内,都种不同种类、数量的牡丹花,少者三五株,多者上百株,用来象征吉祥富贵。洛阳、菏泽、北京、杭州、四川彭县等地举办的牡丹花会和灯会，都具有丰富的民间特色。

人们对牡丹的钟情更多是表现在歌曲和其他文艺形式上。“花儿”是流行于青海、宁夏一带的民歌。在浩如烟海的传统民歌词曲中，牡丹是美的化身、爱的象征。人们把聚集歌唱“花儿会”季节叫做“牡丹月”或“浪牡丹会”。“花儿”曲牌中有《白牡丹令》、《绿牡丹令》、《十朵牡丹九朵开》等，许多歌词皆以花喻人，语言真挚，生动感人。如“四月里，四月八，牡丹开花刺底下，想要不摘爱惜她，想要折去刺儿扎。我早起害怕霜杀下，我晚上害怕羊糟蹋，买个蒲篮扣一下，看她开花不开花”。另外，河南民歌《编花篮》通过优美的曲调，将一群上山采牡丹的姑娘的喜悦心情表现得淋漓尽致，听其歌，似到了风光迷人的田园山乡。歌中唱道：编、编、编花篮，编个花篮上南山，南山开遍了红牡丹，朵朵花儿开得艳。而当代电影《红牡丹》插曲《牡丹之歌》，赞颂了牡丹的品格，叙述了牡丹的经历，给人以蓬勃向上的激情。根据明代文人冯梦龙的《灌园叟晚逢仙女》而改编的电影《秋翁遇仙记》，描写的是一位勤劳善良的老翁遇到“牡丹仙子”的故事，在 20 世纪 50 年代放映时，引起了轰动。

建国以来我国的邮电部门陆续发行了几套以牡丹为图案的邮票，吸引了许多集邮爱好者争相购买珍藏。

在山东的菏泽、河南的洛阳，每年四月中旬，都要举办“牡丹”节。到那时，赏牡丹姿，吟牡丹诗，唱牡丹戏和歌，展牡丹作品。举办地通过牡丹提高了知名度，招来了八方宾客后，再洽谈贸易，招商引资。实际上是“牡丹搭台，经贸唱戏”，一举两得。

由于牡丹与中国文化有着密切的联系，所以我国包括相声、京韵大鼓、快板、快书、坠子、评弹等说唱艺术的曲艺界最高的奖项取名为“牡丹奖”，迄今已有许多艺术家获此殊荣。

不少产品也愿意以“牡丹”来作牌子。北京电视机厂就以“牡丹”来命名自己的产品。中国工商银行发行的是“牡丹”卡。20 世纪五六十年代，我国老牌的名烟之一就叫“牡丹”牌。黑龙江省的一个城市就命名为“牡丹江”。我国各地也非常重视运用牡丹图案和绘画来装饰寺院、名胜古迹和居室。如云南大理的“木雕”，福建惠安的“石雕”，甘肃临夏的“砖雕”，以及江西景德镇的“瓷雕”常以牡丹为主题。凡此种种，无不飘溢着牡丹的芳香，既有实用性，又有欣赏性，具有很高的艺术价值。

牡丹在中国人乃至世界人民的心目中具有很高地位，历代许多帝王将相、皇亲贵族，例如隋炀帝、武则天、杨贵妃、慈禧等，以及文人雅士，如欧阳修、刘禹锡、蒲松龄等，无不喜欢牡丹，他们不仅赏花、宴花、结花、拜花，而且种花、插花、写花。老一辈的革命领袖毛泽东、周恩来等人，也都曾与牡丹结下了不解之缘。生物学家、进化论之父达尔文也对她有着深厚的情感。

虽然我国目前尚未定出“国花”，但许多人都预测，牡丹将是我国国花的最佳“候选花”，因为她雍容华贵、富丽多姿、落落大方，象征着和平、幸福、国富民强，牡丹所具有的“文化全息”现象，是中华民族文化的一个重要组成部分，用她象征整个中华民族的精神、性格和品质最恰当。

此花无日不春风

——月季鉴赏

月季是蔷薇科半常绿小灌木，也是中国十大名花之一，被誉为“花中皇后”。人们经常称作“玫瑰”的花，其实就是月季，而不是植物学分类上的玫瑰。在蔷薇属花卉中，“月季”、“蔷薇”、“玫瑰”被誉为“三姐妹”，她们确实有一些共性，但也有许多不同：玫瑰是落叶小灌木，但花期仅 2 个月左右，具有香气，其花瓣可以制作香料，她主要用于园林栽植；蔷薇也是落叶灌木，但枝条常呈匍匐状，花小，瓣数少，颜色也非常单调，仅有白、淡黄、粉等几种，仅夏秋开花，野生性强，常用作月季和玫瑰的砧木；月季是半常绿小灌木，花期长，瓣数多，花形大而且美观，花色丰富，若环境条件允许能够四季开花。

月季原产于中国，早在公元前一百多年就有栽培。现代月季品种多达两万种，但回顾其育种历史，原产中国的蔷薇属植物起了极为重大的作用。欧洲各国花园中原来只有夏季开花的欧洲原种蔷薇。她们花朵小，瓣数少，色彩单调。后来，约在 200 年前，欧洲人在中国发现了花形大、瓣数多、花色丰富，而且能够一年四季开花的中国月季，就将她们引入欧洲，与那里的蔷薇结缘成了亲。经过反复杂交，定向选育，欧洲蔷薇的生命中，融进了中国月季的血统，于是，婀娜多姿的现代月季，就是人们俗称的“玫瑰”也就应运而生了。这“三姊妹”的血缘相互交融，真是“你中有我，我中有你”。

现在花店里被称为“玫瑰”，其实就是一种“切花月季”。人们在栽培后，将她的花和枝叶切下来插制成各种艺术造型，如花篮、花束、花瓶、花车、胸花、捧花等。月季在切花栽培中，与“菊花、唐菖蒲、香石竹（康乃馨）、非洲菊（扶郎花）”并称为“世界五大切花”，这里主要是指它们的用量大。另外，还有一种野生性较强的“丰花月季”，主要用于园林种植。由于她花期长，在北京露地可以从 4、5 月份一直开到 11 月份，所以人们也叫她“月月红”、“长春花”。在园林中应用的还有“树桩月季”，她就像一把花伞树挺立在那儿，别有情趣。还有一种“藤本月季”，其枝蔓柔软可以攀缘到墙面、篱笆、门廊上去进行垂直绿化、美化。目前较流行的“微型月季”，大多运用盆栽来培植，她玲珑剔透、赏心悦目，被称为“迷你型”，备受人们青睐。

自古以来，不断有人赋诗、填词来歌颂月季。宋代诗人杨万里在他的《腊前月季》里这样赞美她的：

腊前月季

(宋)杨万里

只道花无十日红，此花无日不春风。

一尖已剥胭脂笔，四破犹包翡翠茸。

别有香超桃李外，更同梅斗雪霜中。

折来喜作新年看，忘却今晨是季冬。

诗中赞扬月季花期长，说她“无日不春风”，艳压群芳的习性，并且有“更同梅斗雪霜中”的品格。宋代诗人苏轼也赋诗一首：

月　季

(宋)苏东坡

花落花开无间断，春来春去不相关。

牡丹最贵惟春晚，芍药虽繁只夏初。

唯有此花开不厌，一年长占四时春。

意思是虽说是“好花不常开，好景不常在”，但月季却一年四季常开不败。宋代女诗人朱淑真对此与苏东坡也颇有同感：

长 春 花

(宋)朱淑真

一枝才谢一枝妍，自是春工不与闲。

纵使牡丹称绝艳，到头荣悴片时间。

还有古人这样形容她：曾随桃李开时雨，仍伴梧桐落叶风。此句诗是对月季花期长的生动描绘。

现代的年轻人尤其喜欢月季，并把她称作“玫瑰”，特别是“红玫瑰”，当仁不让地作为爱情的信物。每年的 2 月 14 日，这个西方的“情人节”，青年男女总要互赠玫瑰，以表达爱意。于是，许多人都抓住这个商机，这一天出售的“玫瑰”最多，价格竟暴涨到平时的几倍到十几倍。“情人节”过后，媒体总要报道这一年“红玫瑰”的最高价格及销量。这两项指标总要打破头一年的记录，由此不难看出，以“红玫瑰”为代表的西方文化对中国人生活方式潜移默化的影响。

相传“情人节”起源于古罗马青年基督教传教士圣瓦伦丁。他冒险传播基督教义，被捕入狱。他的行为感动了老狱吏和他双目失明的女儿，得到了他们的悉心照料。临刑前，圣瓦伦丁给姑娘写了封信，表明了对她的爱慕之心。在他被处死的当天，盲女在他墓前种了一棵开红花的杏树，以寄托情思。这一天就是 2 月 14 日。现在，在情人节里，许多小伙子还把求爱的圣瓦伦丁的明信片做成精美的工艺品，剪成蝴蝶和鲜花，以表示心诚志坚。姑娘们晚上将月桂树叶放在枕头上，希望梦见自己的情人。通常在情人节中，以赠送一枝红玫瑰来表达彼此的感情。将一枝半开的红玫瑰作为情人节送给女孩的最佳礼物，而姑娘则以一盒心形巧克力作为回赠的礼物。据说，巧克力成分之一苯基胺能引起人体内荷尔蒙的变化，跟热恋中的感觉相似。当人们收到或赠送红玫瑰时，不需要说什么，因为“玫瑰”的花语就是“我爱你”，此时无声胜有声。

“玫瑰”在西方被称为“爱情花”，还被誉为“美神”。希腊神话中，她与美与爱的女神维纳斯同时诞生。在《圣经·新约》里，是耶稣被钉在十字架上，滴于地上的鲜血滋润了泥土，才长出美丽的“玫瑰花”。浪漫的欧洲人把这个浑身长满了刚毛与倒刺的“刺玫花”，视为“挚爱的情感不可轻取，幸福的爱情得来不易”的象征。

除了象征爱情，玫瑰有时也被人们用来比喻女中豪杰及知名的公众女性。前英国王妃戴安娜不仅相貌出众，而且是世界上知名的慈善家，她受到了各国人民的爱戴和尊敬，因此被誉为“英伦玫瑰”。另外，由于中国女足姑娘具有勇敢的拼搏精神，被封为“铿锵玫瑰”，显示出她们刚柔并济的精神风貌。

月季不但是爱情的象征，也是“和平”的使者。据说，当中国月季途经英国运往法国时，英法两国正在交战，为了确保这批花种安全抵达，双方竟商定临时停战。第二次世界大战中，为了保护新品种“茶香月季”，法国人弗兰西斯梅朗，几经磨难将她寄到美国，并由美国的园艺学家继续繁育。1945 年，美国太平洋月季协会将这一新品种命名为“和平”，命名这天，恰逢盟军攻克柏林，希特勒战败，更说明和平终究要取代战争。1973 年，一位前美国飞行员的妻子和女儿受其丈夫生前的委托带着一株柠檬黄色的“和平”月季来到中国，并将花赠送给邓颖超同志，用以表达他们全家对中国人民的感谢之情。这是一份凝聚着中美两国人民战斗友谊的珍贵礼物。这位飞行员第二次世界大战期间曾是援华“飞虎队”队员，1944 年受了伤，我国游击队员救了他，并且将他护送到延安，在那里他受到了毛泽东、朱德、周恩来等人的接见，直到抗战胜利才返回美国。月季——这个当年远离家乡的使者，经历两百多年的发展变化，环球旅行一周后，又回到祖国的怀抱。可见月季代表的不仅仅是爱情，更是“和平”、“友谊”的象征。

人们不但爱玫瑰、赏玫瑰、写玫瑰，而且还唱玫瑰。现在许多歌曲也通过对“玫瑰”的歌颂，来表达爱慕之情。如歌曲《你送我一朵玫瑰花》、《心中的玫瑰》、《九百九十九朵玫瑰》、《铿锵玫瑰》、《你是我的玫瑰花》等。

现在月季成为北京市的“市花”，并且也是其他许多城市的“市花”。她正用自己娇艳妩媚的神韵、绚丽多姿的色彩、常开不败的气势将首都北京和众多的城市装扮得更加美丽。

秋风送爽香飘来

——桂花鉴赏

桂花以芳香著称于世，是中国十大传统名花之一。常言“丹桂飘香，秋风送爽”，桂花幽香而不露，秀丽而不骄，独占三秋压群芳，堪称“秋天的花王”。

桂花属木犀科常绿乔木，可高4～15米。枝叶丰满，叶对生、革质、有光泽。花聚伞状，簇生于叶腋，淡黄色。桂花的花虽小，但芳香馥郁。桂花经过人工长期栽植和选育，产生了许多栽培品种，就花色而言，有金桂、银桂、丹桂之分；就叶型而言，有柳叶桂、金扇桂、滴水黄、葵花叶、柴柄黄之分；就花期而言，有八月桂、四季桂、月月桂之分等。目前，我国尚无统一的品种分类方法，习惯上将桂花分成4个类型：金桂、银桂、丹桂和四季桂。除可供观赏外，其经济价值也较高，大多用在食品的加工中。另外，桂花香甜，富含芳香油，经过提炼，可以制成名贵的香料，用于进一步制作香脂、香皂和桂花露、桂花酒、桂花糖、桂花糕、桂花茶。桂皮可以提取、制成染料、鞣料。桂叶作为调料可增加食品的清香。桂花还有一定的药用价值和保健功能。

“八月桂花遍地开，桂花开放幸福来”。天清露冷，庭前屋后、广场、公园绿地的片片桂花盛开了，在空气中浸润着甜甜的桂花香味，冷露、月色、花香，最能激发情思，给人以无穷的遐想。另外，每当丹桂飘香之时，也是中秋佳节到来之日，中国人常说“桂花飘香人团圆”，由此就把“丹桂飘香”、“秋风送爽”、“中秋月圆”以及“合家团圆”都联系起来了。桂花满树金黄细小的花儿，点缀着红叶娇艳的季节。更有那浓郁的芳香，“一味恼人香”，袭人心怀，沁人肺腑。芳香中还带有一丝甜意，使人久闻不厌。有人说，香气浓郁的花，一般是“或清或浓，不能两兼”。然而，桂花却具有清浓两兼的特点。她清芬袭人，浓香远逸。她那独特的带有一丝甜蜜的幽香，常常使人浮想联翩。传说桂花能香飘百里，侨居海外的人闻到桂花香，眼前就会浮现出家乡的山水，心中也难免萌发出思乡之情，所以人们又叫她“九里香”。桂花不但芳香袭人，而且树枝挺秀，枝叶丰茂，冬夏常绿。若是南方可在庭园栽培，则是“丹葩间绿叶，锦绣相叠重”。若在北方盆栽作室内摆设，也端庄高雅，满屋飘香。

桂花与我国人民的文化生活联系紧密。自古以来，人们就把桂花及其果实视为“天降灵实”，是崇高、美好的象征。例如，称誉良好的子孙为“桂子兰孙”。又因为传说月中有桂，古人便把月亮称为“桂魄”，把月宫称为“桂宫”。唐代诗人李商隐就有诗句“寝夜可能争桂魄”；宋代词人苏轼的中秋词“桂魄飞来，光四射，冷浸一天秋碧”。句中的“桂魄”都是月亮的代名词。

由于我国的广西壮族自治区盛产桂花，因此将“桂”作为该自治区的简称，风景城市“桂林”之名也因桂花得名。该城市不少街道都以桂花做行道树，四季常青，满城秀色。每到秋季幽香四溢，为这一风景胜地增色不少。在那儿人们食桂花糖、桂花糕，品桂花茶，饮桂花酒，就连广西的地方戏也称为“桂剧”，简直就是一个“桂花文化”的大聚会。另外，由于桂木具有光泽，纹理美丽如犀，故有木犀之称，也是当地人制作家具的上好木料。广西的姑娘、小伙儿每当要谈情说爱时，也常常相约在桂花树下，互吐衷肠。桂花所带来的“桂花文化”早已渗透在广西人民生活的每个细节里。

“桂花文化”不仅体现在广西，而且在其他许多地方也有“桂花文化”的身影。据《成都古今记》中所载，古代成都一带，把每年的八月份定为桂花会，到那时卖桂花、买桂花、赏桂花、吟桂花成为一时盛观。时至今日仍有用桂花命名的桂花街、桂花巷。另外，值得一提的还有安徽省合肥市，该市于2004年秋季举办了“桂花节”。政府非常重视这个“桂花节”，一年前就开始征集相关主题歌曲和标志以及竞选形象大使。节日期间还举办了以“桂花文化”为主题的文艺晚会、书法、绘画、摄影、征文比赛及桂花科普知识展、桂花系列产品展销等一系列大型活动。特别吸引人眼球的是穿插在其间的“金秋赏桂”活动。它是以合肥植物园桂花园为基地，展出了桂花园林小品和桂花品种园、文化园、盆景园以及2万多株桂花；并举办了主题为“同赏明月，共创辉煌，投资合肥”中秋赏桂联谊晚会，邀请在合肥投资的企业家，共商合作大计。还分别以“天赐良缘，约定终生”、“香飘四海，美动中国”为主题举办了“桂花新娘”集体婚礼、“桂花小姐”大赛……，真像是一桌丰盛的“桂花宴”。

民间流传着的不少神话，都可以寻觅到桂花的影踪，其中以“吴刚伐桂”的故事最为人所熟知。据传说，月中有株桂树，高五百丈。汉朝人吴刚，学仙修道触犯道规，被罚到月宫去伐桂树。他每天挥斧不止，而树的创口随即愈合，几千年过去了，那棵神奇的桂树依然如旧，生机勃勃，每临中秋，馨香四溢。吴刚无法建功，被迫一直在“金风玉露伴素月”的广寒宫中度日，所以那月宫又叫“桂宫”。嫦娥则是神话中掌管月亮的女仙，射日英雄后羿的妻子。因为偷吃了丈夫从西王母那里求到的长生不死药而飞入月中。因此诗人杨万里如此感慨：不是人间种，移从月中来。广寒香一点，吹得满山开。毛泽东主席在1958年写了一首《蝶恋花·答李淑一》：

蝶恋花·答李淑一

毛泽东　1958年

我失骄杨君失柳，杨柳轻飏直上重霄九。
问讯吴刚何所有，吴刚捧出桂花酒。
寂寞嫦娥舒广袖，万里长空且为忠魂舞。
忽报人间曾伏虎，泪飞顿作倾盆雨。

这首词是写给当时的湖南长沙第十中学语文教员李淑一的。词中的"柳"指李淑一的丈夫柳直荀烈士（1898—1932年），湖南长沙人，毛泽东早年的战友；1924年加入中国共产党，曾任湖南省政府委员，湖南省农民协会秘书长，参加过南昌起义；1930年到湘鄂西革命根据地工作，曾任红军第二军团政治部主任、第三军政治部主任等职；1932年9月在湖北洪湖革命根据地被害。1957年2月，李淑一把她写的纪念柳直荀的一首《菩萨蛮》词寄给毛泽东，因此毛泽东写了这首词答她。词中的"骄杨"指作者的夫人杨开慧。杨开慧（1901—1930年），湖南长沙人，1921年加入中国共产党，在中共湘区委员会负责机要兼交通联络工作，后随毛泽东去上海、武汉等地。1927年大革命失败后，隐蔽在长沙板仓坚持地下工作。1930年10月被国民党反动派逮捕，11月牺牲。全词以浪漫主义的手法讲述了当两人牺牲后，像"杨柳"一样飘上了九重天。寂寞已久的嫦娥非常敬仰他们，兴高采烈地甩开长袖用舞蹈来迎接，吴刚也捧出珍藏了多年的桂花酒给他们献上。"忽报人间曾伏虎，泪飞顿作倾盆雨"一句，表现了当忽然听到中国人民推翻了国民党反动派统治的捷报，两位烈士的忠魂激动得泪流如雨的场面。

因为桂花清香高洁，人们自古就常用她来形容、评价人物。汉武帝曾问东方朔"孔子和颜渊谁的道德最高尚？"东方朔说："颜渊的道德是高尚的，但他只像一山桂花，独自芳香。孔子的道德像春风一样浩荡，天下万物都受其化育熏陶"。宋代爱国名相李纲，最喜爱桂花的英名、气度和品格。他晚年退居福州时，就将书房命名为"桂斋"，并亲自植桂以明志。后世民族英雄林则徐在福州西湖荷亭旁修建李纲祠时，在祠旁筑了自己的书房，也题名"桂斋"，以此表达继承李纲遗志之愿。

桂花和我国人民的文化生活有着密切的关系，她被视为崇高、美好、吉祥、幸福的象征。农历八月桂花开时，叶密千层秀的桂冠上花开万点黄，犹如碧绿光亮的冠盖上，缀满了无数的金星，令人赏心悦目。而满树花香，则随风飘逸，弥漫四方，方圆十里都沉浸在香甜的气氛里，无怪乎前人后嗣对桂花的品格都赞誉不绝：一树香风，十里相思。宋代诗人吕声之如此赞美她：

独占三秋压众芳，何夸橘绿与橙黄。
自从分下月中秋，果若飘来天际香。

他认为在秋季桂花是无与伦比的，连橙黄色的橘子也相形逊色。

在古希腊，人们常以月桂树叶编成冠冕，奉献给英雄或诗人，以表示崇敬。后来在英国还有“桂冠诗人”的称号，开始是大学授予，到英王詹姆斯一世统治时期，便成为王室御用诗人的专称。直到近代，人们还给奥林匹克运动会的优胜者赠月桂枝，以示他所享有的崇高荣誉。月桂属樟科常绿乔木，春季开花，与中国桂相近但不同科。中国也有“桂冠”之说，“桂冠”也指代授予在某方面做出突出成就人的荣誉。在古代，桂花象征胜利、崇高、贞洁、荣誉、友好，并称仕途得志者、飞黄腾达者谓之“折桂”。三国时魏国繁钦的《弭愁赋》中有“整桂冠而自饰，敷綦藻之华文”之句，意思是编织桂冠来打扮自己，铺排像锦绣一样华美文字。在封建时代，中国古代有科举考试制度，考中登科者能飞黄腾达，也叫“蟾宫折桂”，简称“折桂”。折桂也有等级之分，状元折的是红（丹桂），榜眼为黄（金桂），探花郎为白（银桂）。传说月宫中有蟾蜍，蟾宫即为月宫。由于“蟾宫折桂”有仕途通达之意，所以唐宋以来，文人墨客和官宦之家竞相种植桂花，以显示自己曾“折桂”，并因此飞黄腾达过，至今各地还留有不少当时种植的千年古桂树。另外桂花还是传递和平与友谊的使者，战国时，燕、韩两国就曾以互赠桂花表示彼此友好。

桂有“贵”的谐音，取荣华富贵之意。旧习俗有新妇戴桂花，又香又“贵”之意，桂花与莲子在一起可以“连生贵子”；桂花与寿桃合图，就“贵寿无限”。

人们喜欢桂花，许多父母也常常将“桂”字加到自己女孩子的名字中。如桂兰、桂芳、桂香、桂梅、桂菊、桂莲、桂芹、桂芬、桂英等，有的人干脆大大方方地就叫“桂花”。由此可见“桂花文化”在中国人心中根深蒂固的影响。

我国的“桂花文化”源远流长，渗透到每一个中国人心中。以至于我们即将要进行的“登月计划”，也叫做“嫦娥”工程，因为说到“嫦娥”，人们就会联想到月宫，而提起月宫，又会联想到“桂树”，这样一来，使得这充满神秘色彩的神话与现代的高科技有机地联系在了一起。其实，早在1958年郭沫若先生就做诗《桂花》，以浪漫的笔法将桂花与“星际通航——登月”、伐桂树的吴刚、月宫中的嫦娥联系在一起：

桂 花

郭沫若 1958年

我们已经登记，参加星际通航。
飞到月球里去，访问老人吴刚。
替他酿出的桂花酒添点原料，
请嫦娥大姐跳舞起羽衣霓裳。

嫦娥大姐早就有回国的愿望，
请她带着玉兔一同回到故乡。
吴刚老人血压恐怕高了一些，
能否回来，要请大夫做出主张。

我们可以想象，等到中国人登上月球的那一天，嫦娥姑娘一定会舒展她的广袖，跳起霓裳羽衣舞来迎接家乡的贵客，吴刚也会捧上自己酿制的桂花酒。这一天也许不会太远。

出水芙蓉白无瑕

——荷花鉴赏

荷花是睡莲科水生花卉，她又称莲花、藕花、芙蓉、菡萏、净友、芰荷等，也是中国十大名花，她被誉为“出水芙蓉”，在中国人眼中她既美丽又洁白无瑕。

荷花是原产于我国的花卉，据有关资料报道，她出现得比恐龙还要早，从柴达木盆地发现的荷花化石，距今至少一千万年。荷花的栽培史则可追溯到六千年前，品种也十分丰富，分为藕用莲、子用莲和观赏莲三大类。白色莲花主要以产“藕”为主。藕是横生于泥中膨大的地下茎。它的断面上有许多孔道，是烹调的好材料，藕粉也是上好的食品原料。但是每当用刀切它时，虽然藕断了，丝却总是连在一起，因此就有了“藕断丝连”这一成语，用以比喻一对夫妻或恋人虽表面上分手了，但仍然是难舍难分，总有联系。红色莲花以产“莲子”为主，莲子的生命力之强，令人难以想象。有位日本朋友挖出了千年古莲子，并与孙中山先生带到日本的千年古莲“孙文莲”精心杂交培育出优良品种“大贺莲”，后来又被我国的园艺工作者进一步培育出“中日友谊莲”，可见莲子的寿命之长，是任何花卉不能比拟的。而观赏莲又分单瓣型、复瓣型、重瓣型、重台型四种类型。其中有一梗两花并蒂而开的叫“并蒂莲”，人们常用“并蒂莲”来比喻一对夫妻比翼双飞，同时做出卓越的成就。有一梗三花的“品字莲”，有一梗四花的“四面莲”等。在拉丁美洲的亚马逊河流域，生长着世界上最大的莲花——王莲，她的叶子直径有 2 米多，叶面能承受 40～70 千克的物品，一个儿童坐在上面，就像乘坐小船一样，所以她以赏荷叶为主。

荷花的叶柄挺出水面，叶片绿色大而圆，好似一把巨伞，花单生在花梗顶端，花大清香，有粉红、红、紫、白等颜色，花谢后，花托膨大为莲蓬。从她的花到叶，再到莲蓬都具有非常好的观赏价值。有人这样赞美荷花：“碧波轻漾，荷似滚浪，花如繁星，此隐彼现。碧波上的片片荷叶，有的伞盖高擎，飞珠走玉；有的绿毯平铺，纤尘不染。万绿丛中，那亭亭玉立的荷花，含苞的娇羞欲语，怒放的婀娜多姿，每一朵都是色艳姿美的，红的似霞，黄的若金，白的如玉……”。著名影片《洪湖赤卫队》中的插曲“洪湖水，浪打浪，洪湖岸边是家乡，四处野鸭和莲藕……”正是对荷花景观的生动描绘。时至今日，每当听到这首歌仍让人心旷神怡，向往洪湖碧叶连天、红花映日的美丽景色。

在花卉王国里，有的花开花时无叶，有的则有叶无花，而每当荷花开放时，总是伴随着硕大、挺拔的叶子，像一把伞永远地伴随在荷花的身旁，好似一位“护花使者”日夜守护在“花神”的身边；又似一对形影不离的夫妻，甚为感人，真可谓“红花配绿叶”，“妇唱夫随”。在风雨中勇敢慈怜的荷叶对红莲的遮蔽也常用来比喻伟大的母亲对儿女无私的爱护，还记得冰心感人肺腑的名篇《荷叶母亲》吗？她深情地吟诵：“母亲啊！你是荷叶，我是红莲，心中的雨点来了，除了你，谁是我在无遮拦的天空下的荫蔽？”此外，人们还常用许多美誉来赞美荷花，如“亭亭玉立”，“千姿百态”，“洁白无瑕”，“冰清玉洁”，“含苞欲放”，“翩翩起舞”，“争奇斗艳”等，可见她的魅力所在。

中国人酷爱荷花，在杭州的西湖，武汉的东湖，济南的大明湖，河北的白洋淀，湖北的洪湖等许多地方都生长着大片荷花。如在湖边再配以垂柳，柳与莲相映成辉，更为壮观。西湖有一处风景区的荷花数量和种类都非常多，因此得名“曲院风荷”，它还是杭州“十大景观”之一。

在深圳有一座以荷花为主题的“洪湖公园”，总面积 59.15 公顷，其中陆地面积 32.46 公顷，湖面面积 26.69 公顷，园内栽满了从全国乃至全世界引入的荷花优良品种。另外，还有一个咏荷碑廊，全长一百多米，于 2001 年 6 月刻碑落成。它是我国目前惟一一座镌刻荷花诗文的专题碑廊。作品征集长达四年之久，荟萃了全国 23 个省、市、自治区书法家书写的荷花诗文作品共 85 件，包括赵朴初、启功、沈鹏、王子武在内的数十位当代名家的精心之作。洪湖公园以及咏荷碑廊已成为深圳新的文化景观和教育基地，也为当地市民提供了一个全新的赏荷、咏荷、品书、观景的好去处。

宋代诗人杨万里曾赋诗《晚出净慈寺送林子方》，成为后人的咏荷佳句，传神地描绘出荷塘壮美的景观。

晚出净慈寺送林子方

（宋）杨万里

毕竟西湖六月中，风光不与四时同。

接天莲叶无穷碧，映日荷花别样红。

如同国人对梅兰竹菊的热爱一样，中国文人的荷花情结同样源远流长。作为一种精神依托，荷花实在承载着很多对美丽的向往。她不仅成了中国古代达官贵人、文人墨客的言志表洁的行头，而且也成为世间情侣传达爱意的信物。同时，荷花也受到了来自草根文化和庙寺意识的双重青睐，使得她的形象魅力既高扬于人文伦理意识领域，又具有诗情画意与俚俗幻想。

宋朝的周敦颐对荷花做了最精辟的论述，他在仅百十余字的《爱莲说》短文中说："……晋陶渊明独爱菊；自李唐来，世人盛爱牡丹；予独爱莲之出淤泥而不染，濯清涟而不妖，中通外直，不蔓不枝，香远益清，亭亭静植，可远观而不可亵玩焉。予谓菊，花中隐逸者也；牡丹，花之富贵者也；莲，花之君子者也。噫！菊之爱，陶后鲜有闻；莲之爱，同予者何人；牡丹之爱，宜乎众矣。"作者以其短短散文将荷花的纯真圣洁的品格渲染得淋漓尽致，其中"出淤泥而不染，濯清涟而不妖。"这一名句广为传诵直至今日。由于这篇散文是教育人们学做正人君子，在任何恶劣环境中都要洁身自好，别陷入旁门左道，所以理所当然地被选入中学语文课本，目的就是教育学生堂堂正正做人。由于荷花的这种品德，后人常将她的这种品德作为"两袖清风，常在河边站，就是不湿鞋"这种清官的代名词。中央电视台曾播出的一则宣传清正廉洁公益广告，就是教育人，尤其是领导干部要以荷花"出淤泥而不染"的品格为榜样，"两手干干净净"永远做清正廉洁的好公仆。

近代文人朱自清的散文《荷塘月色》展现给我们的是一幅月下荷花的风景画，那如翩翩舞女裙子般的叶片，那犹如新出浴美人般的花朵，那流水般的月光，那荷塘边婀娜多姿的杨柳……仿佛将人们带到了一个梦幻般的世界。

荷花还与佛教有着千丝万缕的联系。荷花俗称莲花。当你走进寺庙时，会看见佛祖释迦牟尼的坐像，身穿通肩大衣，手作说法印，结跏趺坐于莲花台上；还能看见以大慈大悲闻名的观音菩萨，身着白衣，也坐在白莲花台上，一手持净瓶，一手执白莲。当你翻阅佛经，会知道佛经把佛国称为"莲界"，寺庙称为"莲舍"，袈裟称为"莲服"，佛座称"莲座"，佛眼称"莲眼"，结跏趺坐称"莲花座"，五种念诵之中有"莲花诵"，诸佛报身的净土又称"莲花藏世界"，把和尚行法手印称为"莲花合掌"，就连和尚手中使用的"念珠"也是由莲子串成……可见，莲花与佛家的关系极为密切，可以说有佛的地方就会有莲花。那么为什么佛家会对莲花情有独钟呢？简言之就是"出淤泥而不染"的莲花与佛家的宗旨很契合，另外，荷花是美丽、崇高、圣洁、清新、优雅、贞静的象征。

印度是佛教的发源地，荷花也就顺理成章地成为了印度的国花。泰国、斯里兰卡都是以荷花作为国花，因为他们是信奉佛教的国家。埃及虽属于伊斯兰国家，但是也尊荷花为国花。

澳门自古有“莲花宝地”、“莲花福地”之称。从地形上看,澳门总体形状轮廓渐渐趋于“莲花茎”造型。在澳门与大陆之间,由于冲击而成的沙堤将两地相连,从而形成一个半岛,称为陆连岛。当地人管它叫“莲花茎”,意即岛的形状与莲花的块根——藕茎相似。经过了100多年来的填海造陆工程,澳门半岛、凼仔岛与路环岛三岛各呈不规则的长形,且直线排列延伸至海,使整个澳门形状轮廓更似莲的地下茎(即莲藕)。澳门人也酷爱荷花,在那里随处可观赏到荷花,遍地可以找到荷花文化的特征,一些地名、街名、村名、庙名都与荷花有关,如莲岛(澳门的别称)、莲花山、莲茎巷、莲峰庙、莲溪庙等。故此,澳门的区旗、区徽上的莲花预示澳门回归祖国后,澳门能更加繁荣昌盛。荷花也成为澳门特别行政区的区花。

中国人民自古就视莲子为珍贵食品,如今它仍然是高级滋补营养品,众多地方专营莲子生产。莲藕则是最好的蔬菜和蜜饯果品。莲叶、莲花、莲蕊等也都是中国人民喜爱的药膳食品。可见荷花食文化的丰富多样。传统的莲子粥、莲藕粉、莲脯、莲子粉、藕片夹肉、荷叶蒸肉、荷叶粥等等举不胜举。

在中国花文化中,荷花是最富情趣的咏花诗词对象和花鸟画的题材,因此留下许多脍炙人口的佳作。此外,荷花还是最优美多姿的舞蹈素材,记得几年前,有个叫“担鲜藕”的舞蹈,那两个扮演“鲜藕”的姑娘以活泼可爱的舞姿给人们留下深刻的印象。现在,我们国家舞蹈的最高奖项就叫做“荷花奖”,可见荷花与舞蹈的密切联系。荷花也是众多神话传说中的重要题材,人们常说的“八仙过海,各显其能”,就是讲的神话故事《八仙过海》中八个神仙各有自己的秘密武器。他们中的何仙姑就是手持荷花,攻无不破、战无不胜的荷花仙子。另外,荷花也是各种建筑装饰、雕塑工艺及生活器皿上常用的图案纹饰和造型。另外,古代女子名字除了叫“春兰”、“秋菊”、“冬梅”外,还有不少叫“夏莲”、“夏荷”的,现代女子以“莲”字为名的就更多了。荷花还叫做“芙蓉”,所以许多女孩的名字又带有“蓉”字。位于湖南省的八百里洞庭及湘江流域长满了荷花,所以,该省素有“芙蓉国”之美誉,由此可见中国人对荷花的青睐。由于荷花是在夏季开放,所以人们把农历六月二十四为“荷花的生日”,给一种花卉确定生日,在花卉中乃至整个植物界都是头一例,可见荷花在花卉界的地位,则是不言而明了。荷花不愧为中国的传统名花,她不但给我们带来了美的享受,由此衍生的“荷花文化”早已渗透到我们生活的方方面面了。

安徽青年柳鹏,1994年高考落榜后,并不气馁,他自费去北京林业大学学习花卉栽培技术,返乡后专攻荷花。目前已培育出600多个新品种,尤其他创造的盆栽荷花,将传统的水生植物变成了盆栽。从而使一辈子都在水中生长的“出水芙蓉”

走进了千家万户。现在，人们想赏荷不需要再去公园或有湖泊的地方，尤其是老人，只要买盆“盆栽荷花”便可以自赏自乐了。当有外商要出天文数字的价格购买他全部荷花品种的专利时，被拒绝了，他要把原产于中国、又为她付出汗水和心血的全部荷花新品种，贡献给自己的祖国。柳鹏就像他培育的荷花一样洁白无瑕，令人敬佩。

凌波仙子贺新春

——水仙鉴赏

水仙是中国十大名花之一，被誉为“凌波第一花”、“凌波仙子”。水仙属于石蒜科球根花卉，她之所以被称为“球根”花卉，是因为她的地下部是一个膨大的鳞茎，鳞茎是由一片片鳞片包裹而成球状，很像洋葱、大蒜，故六朝时又称她为“雅蒜”，宋代称“天葱”。之后，人们还给她取了不少巧妙、美丽的名字，如金盏银台、俪兰、雅客、女星等等。

人们在元旦、春节前用水养的方法来使水仙开花，原理就是靠消耗她鳞茎里的养分，这就是她不需土壤栽培的原因。有人曾这样评价她：

寒冬里的一缕幽香，斗室中的一丛翠绿，

娇柔而妩媚的星点小花，清水供养不食人间烟火。

水仙花凝姿素雅、玉质冰肌、清秀俊逸、高雅脱俗。而她被称为“凌波仙子”，则出自北宋大诗人黄庭坚的著名诗句：

凌波仙子生尘袜，水上轻盈步微月。

她又常被称为“金盏银台”，是因为单瓣水仙的花瓣色泽洁白，形如圆盘，花心黄色，宛如酒盏，故得此美称。水仙的根，如银丝，纤尘不染；她的叶，碧绿葱翠传神；她的花高雅绝俗，婀娜多姿，清秀美丽，洁白可爱，清香馥郁，而她的花期也长。

水仙原产于北非、中欧及地中海沿岸。约在唐朝初期被引入我国。现在，最好的水仙品种当属“漳州水仙”。有些人虽不知漳州在哪儿，但一提起它的名字就会与水仙联想在一起了。漳州地处福建东南部，那里资源丰富，气候四季温暖如春，宛如天然大温室。这里栽培花卉历史悠久，素有“花果之乡”的美称，更是水仙花的故乡。其实，当地的水仙花分布的范围极小，主要集中在漳州八大胜地之一的园山东麓一带，因那儿具有得天独厚的条件：园山挡住了烈日，园山在斜影所及的地方日照较短，水仙恰巧属于短日照花卉，而温度、湿度也正满足她生长的要求。因此，当地有歌云："园山十八面，面面出王侯，一面不封侯，出了水仙头。"漳州水仙花以其鳞茎球大、花箭多、形态美、花朵繁多、香气馥郁、叶片青翠而闻名于世，难怪人们都竞相购买漳州产的水仙呢！所以说，漳州的水仙球质量最好，是有科学依据的。如今，这珍贵的花卉早已走遍大江南北，而且远渡重洋，誉满全球。她送去了我国的春天，人民的情谊和美好的心愿，赢得了"天下水仙数漳州"之美誉。

水仙花早在宋代就已受人注意和喜爱了。《漳州府志》记载：明初郑和出使南洋时，漳州水仙花已被当作名花而远运外洋了。水仙花通常是在精致的浅盆中栽培，然而，她对生长环境要求不高，适当的光照和温度，一勺清水，几粒石子就能使她生根发芽。寒冬时节百花凋零，而水仙花却叶花俱在，仪态超俗，故历代文人墨客都不吝为水仙花挥毫泼墨，写出了不少优美的篇章：

秀色一钵借水栽，花开无意闹春台。
天成雅韵谁堪比，仙子凌波赠香来。

宋代诗人黄庭坚则将水仙誉为"冰肌玉骨"：

借水开花自一奇，水沉为骨玉为肌。
暗香已压茶蘼倒，只比寒梅无好枝。

近代女杰秋瑾在工作学习之余，于居室周围亲手种植了许多花草，有芳香的茉莉，艳丽的扶桑，出淤泥而不染的荷花，还有如君子风雅的兰草，并写下了许多赞美花草的诗篇。在众多的花卉当中，她尤其酷爱水仙花，每年都要泡上几盆，摆在窗前、书案之上。那碧绿的叶子，洁白如玉的花朵，清新淡雅的芳香，使秋瑾诗兴勃发写下："洛浦凌波女，临风倦眼开"；"嫩日应期雪，清香不让梅"；"余生有花癖，对此日徘徊"等精彩诗句。

水仙花主要有两个品种：一种是单瓣，花冠色青白，花萼黄色，中间有金色的冠，形如盏状，花味清香，所以叫"玉台金盏"，花期约半个月；另一种是重瓣，十余片花瓣卷成一簇，花冠下端青黄而上端淡白，没有明显的副冠，名为"百叶水仙"或称"玉玲珑"，花期20天左右。

你知道吗，那清纯美丽的水仙，还有许多动人的故事呢！宋代时，有一闽籍的京官告老回乡，当他乘船南返，将要到达家乡漳州时，见河畔长有一种散发清香的淡黄色小花，便叫人采集一些，带回来培植，这就是今天的水仙。

另一种传说则生动地讲述了"漳州水仙"家族中的一员"迁居"崇明的经历。当年，唐代女皇武则天要御花园百花在同时开放，天上司花神不敢违旨，福建的水仙花六姐妹当然也不例外，被迫西上长安。小妹妹不愿独为女皇一人开放，行经长江口时，见江心有块净土，就悄悄溜下，留在崇明岛。所以，福建水仙五朵花一株开，崇明水仙则一支怒放。

还有传说宋朝时，福建漳州有母女俩相依为命，女儿名叫水仙。有一次，水仙得了重病，母亲好不容易弄到一个鸡蛋，做了一碗蛋汤想给女儿补补身子。这时，门外有一名乞丐饿晕在地，水仙让出鸡蛋汤给乞丐吃。乞丐得救后，深为水仙的善良所感动，就从衣袋里掏出一个葱头模样的东西，说："把它栽在水里，用它开的花煎汤喝，姑娘的病就会好了。"后来，水仙姑娘依法种花，喝了用那花煎的汤，病果然好了。人们为了记住她"善有善报"的故事，就把这种花叫做"水仙花"。

而在古希腊神话里，水仙原是个美男子叫奈悉索斯（Narcissus），许多少女向他求爱，但他很清高，没看上任何一个，还将一个叫厄科的仙女无情地赶走。他的行为受到了复仇女神欧墨尼得斯的惩罚。有一次，他在一处山泉饮水，见到水中自己的影子，女神的诅咒使他爱上了自己的倒影，于是，他日夜对着泉水哀叹流泪。终于有一天，当他扑向水中拥抱自己的影子时，灵魂便与肉体分离，化成了一株美丽的水仙花。所以，在西方水仙花又称"恋影花"，其拉丁学名也以他的名字命名，叫 *Narcissus*。

现在人们都喜欢买些水仙头来布置居室，尤其是元旦、春节来临之际。水仙在岁暮天寒、百花凋零的时候开花。只需清水一盆，白石数粒，便静静地在室内案头吐翠含芳。你看她翠绿欲滴的叶片，亭亭玉立的花梗衬着银白色的花朵，淡黄的花蕊，时时散发出醉人的芳香，宛如一位身着翡翠衣，头戴黄金冠下凡的仙女，正在那一钵清水之上，轻歌曼舞。

人们在长期的栽培中发现，用刀子将水仙的鳞茎雕刻一下再培育，可造成千姿百态、富有诗情画意的艺术造型。如"金鸡报晓"、"万象更新"、"孔雀开屏"、"三羊开泰"等。她们个个生气盎然，栩栩如生，耐人寻味。怪不得人们赞誉水仙"一青二白"，"只知奉献，不知索取"。你看她只需清水一盆，并不在乎生命短促，不在乎刀刃的"创伤"，不在乎严寒的"凌辱"，始终洁身自爱，只求带给人间的是一份绿意和温馨，只求在新春给人们送上一份花香浓郁的贺礼。

花中此物似西施

——杜鹃鉴赏

杜鹃又称为“映山红”，是中国十大名花之一，被誉为“花中西施”。

杜鹃花属杜鹃科，杜鹃属植物。俗称映山红、羊踯躅、马樱花、山石榴、山枇杷等。她的花冠似阔漏斗形，有单瓣也有重瓣的，颜色有白色、乳黄色、米黄色、金黄色、粉色、淡红色、玫红、镶边的，也有多种颜色组合的复色，真可谓绚丽多彩，五光十色，千姿百态，璀璨似锦，赏心悦目。白居易曾对杜鹃如此赞道：“花中此物似西施，芙蓉芍药皆嫫母”，意思是说杜鹃是“花中西施”，相比之下，就连芙蓉、芍药都丑陋不堪了。据说白居易曾建议把杜鹃封为“花中之王”，不过至今，我国人民只把她列为传统的“十大名花”的第六位，仅沿用了白居易的“花中西施”的美誉。

杜鹃又与山茶、木兰、报春、百合、龙胆、兰花、绿绒蒿，合称云南的“八大名花”。其中又尤以山茶、杜鹃的品种最多。还有人称云南只有三大名花：山茶、杜鹃、报春，杜鹃仍然“榜上有名”。

杜鹃花为木本花卉，野生的大多为1～2米高的小灌木和小乔木，有常绿性的，也有落叶性的。最高的杜鹃花高达10米以上（如大树杜鹃），树干之粗即使几个人合抱也抱不过来；最矮的不足15厘米（如平卧杜鹃），匍匐于岩石表面。少数也有单花顶生（如香百花杜鹃）或腋生（如红麻银花）。单花最小的仅为1厘米（如召通杜鹃），最大的长约10厘米（如大喇叭杜鹃）。叶片多为革质，最大可长达50～70厘米（如凸尖杜鹃），最小仅约1厘米（豆叶杜鹃）。

杜鹃花分布在北半球温带及亚热带，主产于东亚和东南亚地区，以中国西南部横断山区最丰富。中国是杜鹃花的原产地，野生杜鹃花的花期因气候和种类不同而有所不同。据专家研究，杜鹃花多为二三月份开放，花朵成管状，形状貌似遮阳伞，色彩绚丽。而现在，园艺工作者通过科学手段，即运用促成栽培的方法，让她在十一二月份就可以开放。当她开放时，正值圣诞、元旦和春节，人们或用她装点居室，或馈赠亲朋好友。她成了冬日里传统佳节的装饰佳品，深受人们的青睐。

杜鹃花的生命力极强，在海拔 5 000 米的地方都能看到她的身影。我国现在分布范围较广的杜鹃可分为四个类型：东鹃、毛鹃、西鹃和夏鹃。其中毛鹃是中国原产的，俗名就是“锦绣杜鹃”或“映山红”，因叶片粗糙多毛而得名。西鹃为四种中花形、花色最美的一类，她是经过了反复杂交才培育出来的栽培品种，目前市场上的盆栽杜鹃大多属于西鹃。

杜鹃花因品种繁多，被世人尊称为“花中之王”。杜鹃花属在高等植物中是一个比较大的家族，她的起源可追溯到中生代的白垩纪，距今已有 6 700 万—14 400 万年，至于大量发展并广泛分布于北半球的温带，还是第三纪的事。别以为杜鹃花只能生长在云、贵、川或其他温暖的地方，其实她家族的另一支则扎根在寒冷的北国。在我国东北地区的大兴安岭，重重叠叠的群山和覆盖这些山岭的茂密原始森林，成为这一方土地与世隔绝的天然屏障，兴安杜鹃花自古以来就是这一神秘世界的春天使者，主要分布在我国东北部、朝鲜北部、日本北部和前苏联的西伯利亚地区。她们见证过古老的鲜卑民族的大迁徙，而现在，它们聆听着鄂伦春人民迈向新世纪的脚步。每年春天那里都要举办“兴安杜鹃观赏节”，让八方来客一睹北国杜鹃的风采。

一提起“金达莱”，大多数人都会联想到朝鲜，殊不知她就是杜鹃花科的“迎红杜鹃”，即兴安杜鹃。花名在朝鲜语里的意思是“永久开放的花”。朝鲜人民用她象征长久的繁荣、喜悦、幸福，金达莱也理所当然成为朝鲜的国花。

大自然里除了有杜鹃花植物界，在动物界还有一种鸟叫做杜鹃鸟，关于杜鹃花和杜鹃鸟，还有一个优美而凄凉的传说：远古时蜀国国王杜宇，很爱他的百姓，禅位后隐居修道，死了以后化为子规鸟（又名子鹃），人们便把它称为杜鹃鸟。每当春季，杜鹃鸟就飞来提醒老百姓“快快布谷！快快布谷！”嘴巴啼得流出了血，鲜血洒在地上，染红了漫山的杜鹃花，由此杜鹃花也就得了另一个美名“映山红”。由于这则神话的悲剧色彩，杜鹃在历代文人笔下也就成为抒发伤感的常用“道具”。如白居易的《琵琶行》中有“其间旦暮闻何物？杜鹃啼血猿哀鸣”，其情景凄苦万状。李商隐在其《锦瑟》中“庄生晓梦迷蝴蝶，望帝春心托杜鹃”抒写诗人内心极度的哀怨。秦少游《踏莎行》中也有“可堪孤馆闭春寒，杜鹃声里斜阳暮”，意境也颇为清冷，另外还有“子规声里柳如烟”，“抔土长留蝴蝶梦，行人忍听子规声”等诗词佳句，真是数不胜数。

唐代大诗人李白在异乡宣城看见杜鹃花，就想起家乡的杜鹃鸟，触景生情，怀念故土，写出了一首脍炙人口的诗：

宣城见杜鹃花

（唐）李白

蜀国曾闻子规鸟，宣城还见杜鹃花。

一叫一回肠一断，三春三月忆三巴。

自古以来，从李白、白居易、李商隐到秦少游都以悲凉的语调写杜鹃鸟，因而使杜鹃花也显得凄凉了。

提起杜鹃，人们也会联想起周瘦鹃先生的《杜鹃枝上杜鹃啼》，这是一篇颇具影响的文章。它一改过去写杜鹃的习惯，让人们有了焕然一新的感觉。杜鹃，既是花名又是鸟名。动、植物同名，历来少见，惟“杜鹃”一名而二冠，颇耐人寻味。作为花，她能红艳艳簇满枝头，给春的景色再添几分盎然生机；作为鸟，它有许多相伴相随的传说，那传说虽带着淡淡的哀悲、凄凉，让人伤感，却引得诗人们咏诵吟唱，捧掬出一瓣瓣的哀情。一个红艳秾丽，一个哀鸣声声，若二者同地相处，聚于同一画面，会是怎样的一个景况呢？而周瘦鹃大胆打破旧观念，以“杜鹃枝头杜鹃啼”为篇名，二者并举，引人兴趣。文章开篇，先讲述“自己”与杜鹃鸟的缘分。作者因创作“哀情小说”，取笔名“周瘦鹃”，其含意是“我是一只哀啼的瘦弱杜鹃”。杜鹃悲啼，“我”诉哀情，二者非常相似。这笔名虽是偶得，却得的好，也证明了作者与杜鹃鸟确实有缘。后文说杜鹃是“天地间愁种子”、“其悲哀可知”。然而，周瘦鹃却笔锋一转，避开“悲哀”话题，而提起了波兰民歌《小杜鹃》，并推想那曲调一定是欢愉而悦耳的。看似不经意，却对有关杜鹃的古老传说表示了小小的否定。读者正想看看作者怎样沿此深入，他却又不去谈杜鹃鸟了，而说起了“花鸟同名，最为难得”。于是，引白居易诗，把杜鹃鸟与杜鹃花连在了一起。既交代了文章题目的来历，又勾画出一幅春末时节“杜鹃花落杜鹃啼”的动人景象，仿佛诗中有画，画中藏诗，让人完全忘记杜鹃的哀鸣。接着，作者又谈杜鹃鸟了。对这鸟的外形与习性做了介绍，增长了读者的见识。而谈的重点则在它“分明是一头益鸟”。至于它鸣声的哀切，那是出于对催促“农耕”的挚诚，是怕农家误了农事而焦迫的“垂涕而道”，多好的一种鸟！作者话语娓娓，为杜鹃的表现做着说明、解释，也隐含着认为古代传说并不确切的看法。他对古人闻杜鹃啼声而心酸，也进行了推测性的分析，表示了理解，并不以自己的观点强予于人，他为人的谦和的品质自然也就表现出来了。后又讲关于杜鹃的神话传说，讲杜鹃音似“不如归去”的啼声，引诗、摘词，笔势随意而洒脱。而最后讲“居起”与“归去”啼声的不同时，则以幽默的一句“大概四川的杜鹃到了苏州，也变此腔，懒得说普通话了”，显示了作者文风的随和风趣，让人展颜。此问篇幅虽短而涵蕴丰盈，让人既有知识上的收益，又体会到了作者内在流淌的个人情感。但这情感又把持有度，谦和柔婉，而能滋润读者心田。周先生不仅善用文笔，而且是著名的园艺学家。他制作的盆景远近闻名，同时他也为苏派盆景的形成和发展做出了巨大贡献。

杜鹃花的历史悠久。在云南有个美丽的传说：在很久以前，有一次百花姐妹约定春天在“花都”大理坝比美，推选“花王”。杜鹃花家族庞大，姐妹众多，就派她们的佼佼者马缨花作代表去参加竞选。马缨花自恃貌美，不把众姐妹放在眼里，因而姗姗来迟。花姐妹们等得不耐烦，只好开始选举。待马缨花梳妆打扮好磨磨蹭蹭到了大坝的时候，“花王”的桂冠早已被山茶花夺去了，马缨花一气跑回山上，发誓永远不下坝。直到发现人们仍然赞美并欣赏她，才下山来。马缨花之名来自民间，因酷似马帮头领坐骑头上佩戴的红绣球而得名。

在云南，每当山茶花刚谢，樱花、桃花也将收尾，杜鹃花即以千姿百态的美容、娇艳的风采，迎来了明媚的春天。“回头看桃李都无色，映得芙蓉不是花”。这是著名诗人白居易对杜鹃的赞美，可见她在万花群中占有的位置。

杜鹃花历来受到我国民众的喜爱，在我国的栽培历史十分悠久，至少开始于唐代。明朝李时珍著的《本草纲目》也有杜鹃花的记载。明代、清代也有多部记述杜鹃的书。徐霞客在他的游记中曾多次提到过她。正因为杜鹃花在园林上的价值，从19世纪初到20世纪中叶，西方许多国家屡次派人前往云南、四川，采走了大量的杜鹃花标本和种苗。其中包括法国的传教士法盖斯、英国爱丁堡植物园的园丁福雷斯特以及早在1843年英国伦敦园艺学会派出的福琼。特别是英国的福雷斯特曾先后七八次，把309种杜鹃新种引入英国爱丁堡皇家植物园。1919年他在云南发现了“杜鹃巨人”——大树杜鹃。一棵高25米，胸径87厘米，树龄高达280年。福雷斯特把大树砍倒，锯了一个圆盘状的木材标本带回国，陈列在伦敦大英博物馆里，公开展出，一时轰动了世界。1982年3月，在距“杜鹃巨人”不远的高黎贡山上又发现了一株高于25米，基径3.07米，树龄500年以上的大树杜鹃，她是迄今为止世界上发现的杜鹃花之王。大树杜鹃是云南的骄傲，也是中国的国宝，本应当受到国家的保护，但却被掠夺到海外，真让人痛心。当时英国爱丁堡皇家植物园的负责人、爱丁堡大学教授包尔弗认为福雷斯特从中国进行的很有价值的园艺植物引进，给英国的园林带来了革命性的影响。福雷斯特的引种同时也使爱丁堡植物园成为世界上研究杜鹃花植物的中心和收种杜鹃花最多的植物园，该园现有我国产的杜鹃花植物300余种，据说有些种类在我国已经找不到了。据我国杜鹃花科植物专家冯国楣在英国的考察，当地没有一个庭园不种杜鹃花。国家的、私人的花园栽培杜鹃花往往不止一两亩，而是几公顷到十几公顷。在美国一些地方也有类似的情况，如华盛顿国家树木园中，就栽有70 000多株。我国的杜鹃为世界各地的园林增添了绚丽多彩的景色，据统计，全世界有杜鹃花 850 多种，我国就有 650 余种，而仅云南省就有 400 多种，占世界总数的一半以上。云南以滇西高山地区种类最为丰富，尤其是在海拔 2 400～4 000 米的高山冷湿地带。多种常绿杜鹃如黄杯杜鹃、白雪杜鹃、团花杜鹃、宽种杜鹃等，常成密集的杜鹃花灌木丛，甚至有连绵 10 多公里的“花海”奇观。可以说，世界各地栽培的杜鹃绝大多数是中国杜鹃的后代。因此我们可以当之无愧地说：中国杜鹃甲天下。

杜鹃花已经融入了中国悠久的历史文化，并为全世界的杜鹃花育种做出了巨大的贡献。也就是说她不但开遍了中国大地，也装扮了全世界。

艳而不妖是珍品

——山茶鉴赏

山茶是中国十大名花之一,被封为“花中珍品”。山茶是山茶科常绿灌木或小乔木,主要产于云南,另外华东、华南也有分布。因为山茶冬季开花,所以又称“耐冬”。她在云南分布最广,种类也最多,因而有“云南山茶甲天下”之称,她给远道来云南的游客留下了深刻的印象,可见山茶魅力之所在。

从观赏、人文、药用到食用,山茶有多方面的价值。

首先是山茶的观赏价值。

山茶四季常绿,分布广泛,树姿优美,是我国南方重要的植物造景材料之一。在园林里可以孤植、群植,还可以通过人工整形,供观赏应用,将山茶通过修剪整形,把树冠整成球形、伞形、圆柱形,山茶有平卧铺地式,墙树式。前者使山茶树匍匐于地生长,铺地而生。后者在西欧北美应用较多,即将山茶花植于向阳温暖的墙面之外,附以攀登墙架,使山茶枝干顺墙面而升,她会很快覆盖墙面,颇为壮观。此外,山茶还可以进行盆景造型:用矮生山茶老桩,通常以茶梅为多,按照盆景造型方法,配以水石,可爱别致;也可用老桩嫁接,可迅速形成。由于山茶花期较长,花色、花形丰富,叶色浓绿光洁,所以她也是上好的插花花材,可插成花瓶、花篮、花束等艺术形式。

山茶也有许多不同的种类,因此她的树形和花形也都各异,就拿花形来讲,就有多种类型:菊瓣茶、牡丹茶、柳叶茶等。其主要栽培品种有以下一些。

白洋茶:也称千叶白,花色纯白,花平坦,花瓣 6～10 轮,越向内花瓣越小,为复瓦状排列,几乎完全是花瓣。

红花茶:又称贵妃茶,花瓣外轮平宽,内轮花瓣细碎,花色粉红。

小桃红:花单瓣,桃红色,叶形狭窄而色淡,开花期早,花期长。

其次是山茶的人文价值。

烂漫的山茶,能在天寒地冻的早春绽蕾吐蕊,给生命带来了无限的希望。人们一般认为只有梅花才能顶霜傲雪地开放，其实，山茶开花也非常早，因此古人赞叹她“绿叶红英斗雪开，黄蜂粉蝶不曾来”。冬末春初，当百花还在酣睡之际，云南的山茶花便争相怒放，如火如荼了。山茶历经岁月的沧桑，依然花姿丰盈，妩媚迷人。有人说“梅花虽有高韵劲节，但却花容稍显清瘦；桃李虽是烂漫芳菲，但她青春短暂；牡丹虽被誉为‘国色天香’，但冬天枯容难藏；惟有山茶兼有三者之长而无其之短”。在人们的心目中，山茶是美的化身，她与人相伴共存，经历了 2 500 多年漫长的岁月，形成了精深的“山茶文化”。

山茶与杜鹃、木兰、报春、百合、龙胆、兰花、绿绒蒿，共同被誉为云南的“八大名花”。其中，尤以山茶、杜鹃的品种最多，花形美，而蜚声中外。也有人称云南仅有“三大名花”，即山茶、杜鹃和报春，山茶仍然“榜上有名”。自古以来山茶花与梅、桃、虎刺、吉庆、枸杞、杜鹃花、翠柏、木瓜、腊梅、天竺、罗汉松、西府海棠、凤尾竹、紫薇、石榴、六月雪、栀子组成了花中“十八学士”。古代的“二十四番花信风”中，山茶花又是二候信应之花。明代诗人曾做“山茶百韵”，赞山茶有“十绝”：

山茶百韵

邓直

(1)艳而不妖；

(2)寿经三四百年尚如新植；

(3)枝干高耸约 16 米，大可合抱；

(4)肤纹苍润黑茗古云气樽垒；

(5)枝条黝纠，状如尖尾龙形；

(6)蟠根兽攫轮囷离奇，可凭而几，可藉而枕；

(7)丰叶深沉如幄；

(8)性耐霜雪，四季常青；

(9)次第开放，历二三月；

(10)水养瓶中，十余日颜色不变。

山茶花在一些民族地区，更是崇拜的偶像，如大理白族，把她推为“至尊百花之王”。每年农历二月初九到十五，定为“朝花会”，每到那时，家家门前堆花山，花山顶上定是一盆盛开的山茶花。山茶中有一种开黄色或金黄色花的种类，被称为“金花茶”，当地人习惯称她为“金花”，许多姑娘也以此得名。在云南，到处都有叫“金花”的女孩子。20 世纪 50 年代的电影《五朵金花》就讲述了由 5 个叫金花的姑娘所引出的美丽动人的故事。山茶花就像云南的一张巨大的名片，让来这里旅游的人们认识她，认识云南。

金庸的武侠小说《天龙八部》中对山茶的描写更是到了登峰造极的地步。当时的时代背景是北宋时期，栽培山茶之风十分盛行，作者把山茶的品种描写得让人大开眼界。什么“十三太保、十八学士、八仙过海、红装素裹、抓破美人脸、风尘三侠、七仙女”等等。到底是否有这些品种？首先“十八学士”就不大可能，因为一株山茶上不可能开十八种不同颜色的花来，除非是嫁接出来的，那就不能算是“品种”了。无论这种说法是真是假，人们总算通过金庸的笔认识了山茶花，感受到她无穷的魅力。

提起茶花，人们往往联想到《茶花女》，19 世纪法国著名作家小仲马的不朽著作。18 世纪末，中国的山茶花首批引进西欧，那瑰丽缤纷的色彩，妩媚多姿的花形立刻轰动了欧洲，使她一跃成为国际花坛中的世界名媛的时代背景。《茶花女》中女主人公玛格丽特对山茶花的喜爱，让人过目难忘：她在茶花开放期间，25 天戴白茶花，5 天戴红茶花。书中山茶花被寄予了一种高洁的情操，由此可见她在欧美各国人民心目中的地位。《茶花女》不仅是世界名著，而且也被搬上银幕，走上了舞台。现在歌剧《茶花女》的唱段已成为国际声乐大赛中选手常选的曲目，更是西方歌剧舞台上久唱不衰的保留节目。

邓小平同志 1979 年访美时，白宫为他举行盛大国宴，宴桌中央的装饰品，是来自卡特总统家乡佐治亚州的 1 500 支白色、红色和粉红色的山茶花。白宫有关人士解释说：“选用山茶花是特别合适的，因为这种花是公元前首先在中国发现的。”用山茶花来欢迎“娘家”的使者，其深情厚谊不言而明。

国人对山茶尤为钟情，古往今来，为山茶花赋诗作画，讴歌赞美者不乏其人，宋代诗人苏轼在他的《邵伯梵行寺山茶》中将她比作灿烂的火球在雪中开放：

山茶相对阿谁我？细雨无人我独来。
说似与君君不会，烂红如火雪中开。

唐代赞美山茶花（唐代时称“海榴”、“海石榴”、“榴花”等）的诗，如皇甫曾的《韦使君宅海榴咏》诗：

淮阳卧理有清风，腊月榴花带雪红。
闭阁寂寥常对此，江湖心在数枝中。

邓拓在《可贵的山茶花》一文中曾这样描述：“她的粉红色花瓣，又嫩又润，恍惚是脂粉凝成的。衬着绿油油的叶子，又厚又有光泽，好像是用碧玉雕成。”

著名作家杨朔笔下的《茶花赋》中既写了“春城无处不飞花”的景色，又写了山茶花如“童子面”般的美丽，更歌颂了栽种这些山茶花的育花人——老园艺师普之仁先生平凡而又可贵的品格。

云南有两大支柱产业：花卉和卷烟。在“云烟”中有两种与山茶相关的品牌：“红山茶”和“茶花”，它们都是享誉国内外的名烟。人们在听到“云烟”时，就会联想到“山茶”，而听到“红山茶”或“茶花”时，又能够联想起云烟。无形之中，使两者的知名度都提高了。

第三是山茶的食用价值。

山茶不仅是著名的观赏花木，而且是重要的油料植物。她们的种子几乎都含有丰富的不饱和脂肪酸，俗称茶子油，尤其以江西、湖南一带的白花油茶和云南腾冲所产的红花油茶最为著名，成为我国最主要的木本油料植物之一。此外，山茶还是重要的冬、春季蜜源植物；山茶的蜜具有琥珀色，浓稠，味芳香的特点，为上等优质蜜。她的花瓣还可以加工糕点以及烹制美味佳肴。

另外，值得一提的是，与山茶同科同属，但不同种的茶树可以生产茶叶，茶叶是世界“三大饮料”之一，她的经济价值自是不言而明了。说起来，茶树还可算作山茶的“表亲”呢。此外，茶树中的“福建茶”是制作树桩盆景的常用材料，在南方她也可以通过修剪成各种造型来美化园林。

第四是山茶的药用价值。

山茶花的药用价值，始见于明代李时珍《本草纲目》。清代名医吴仪洛的《本草从新》九卷木部灌木类二十八种中也有详述：“山茶花微辛、甘寒、凉血。治吐衄肠风下血，汤、火伤灼(麻油调涂)用红者。子、妇人发直，研末掺之。”山茶花含有花白甙及花色甙等敛止血剂，有止血、散瘀消肿之功用，主治咳血、鼻出血、肠胃山血、子宫出血以及烧伤、烫伤、跌打损伤、创伤出血等症。

在山茶的同胞姐妹中，我国常见的有华东和云南两个品系。华东山茶花，又称小山茶花，为灌木或小乔木，叶片长 5～6 厘米，花径 6～12 厘米，花期 2～4 个月。长江下游一带大多栽培这一品系，一般有粉山茶、白山茶，以及花、名兼美的紫袍玉带、牡丹点雪等。那洁白如雪的牡丹点雪，有牡丹雍容华贵之态，兼及梅花高洁风雅之姿。因此，嘉庆年间进士曾咏她：“品自压群芳，如何甘缟素。因嫌脂粉污，免受蜂蝶诟。”云南山茶花，又称大山茶花，为大灌木或乔木。树大花大，叶片粗糙，叶片长 7～12 厘米，花径 8～19 厘米。花瓣多武瓣，不规则，排列不整齐。她跟小山茶花同属不同种，自古以来驰名中外。新春前后去云南漫游，迎接游人的便是“十丈锦屏开绿野，两行红粉拥朱楼”的山茶花。

昆明黑龙潭公园的环境清幽，古树名花极多，拥有规模宏大的“梅园”，其中尤以唐梅、宋柏、明山茶最为有名，并称为黑龙潭林木“三绝”。那株明山茶“早桃红”，在初春时节绽放数千朵重瓣花朵，与碧绿的树叶互相衬托，高过屋檐。微风舞花枝，树头吐火焰，使人置身春意盎然的境地。郭沫若 1961 年来此地游览，曾做《游黑龙潭》诗一首：

游黑龙潭

郭沫若　1961年

茶花一树早桃红，万朵彤云啸傲中。
惊醒唐梅睁眼倦，衬陪宋柏倍姿雄。
崔嵬笔直天为纸，婉转横陈地吐红。
黑水祠中三异木，千秋万代颂东风。

郭沫若这首赞美山茶的诗，以拟人化的手法简直把这株“早桃红”都写活了，就连“唐梅”和“宋柏”也刻画得惟妙惟肖。读了这首诗后，黑龙潭乃至整个云南省是那样的让人心驰神往，魂牵梦绕，使读者不禁想要去这个美丽的地方一睹山茶花的迷人风采。

山茶是这样的美妙，使你不能不对她怦然心动。由此，近年来，我国长江以南的温州、昆明和重庆等十多个城市，以及长江以北的青岛市，都先后选定山茶为市花。让山茶将更多的城市装扮得秀丽多姿，娇媚动人吧！

天上人间第一香

——茉莉鉴赏

茉莉是木犀科常绿灌木，花小素淡、清秀俊逸、洁白无瑕，她虽没有绚丽的异彩，也没有妩媚的花姿，更不是中国十大名花，但她珠圆玉洁，仪态雅素，尤其是芳香浓郁、花香持久，为众花之冠。

元代江奎在他的《茉莉》中这样写道：

茉　莉

(元)江奎

虽无艳态惊群玉，幸得清香压九秋。
应是仙娥宴归去，醉中掉下玉搔头。
灵种移来自越裳，何人提挈上蛮航。
他年我若修花史，列作人间第一香。

"灵种移来自越裳"，说明茉莉花原产于异邦，后移植到中国。关于她的原产地说法有两种。一种说法是原产印度，宋代王梅溪诗："茉莉名佳花亦佳，远从佛国到中华"。"佛国"即印度，她的名称是梵语，在佛经翻译上又有"抹利"、"鬘华"、"抹厉"等称号。另一种说法是茉莉花祖先在亚洲西南、中国西域波斯地区。所以，王梅溪又诗云："西域名花最孤洁，东山芳友更清幽。"晋代嵇含《南方草木状》说，"那悉茗花与茉莉花，皆胡人自西域移植南海，南人怜其芳香，竟植之"。又据史志记载：汉初在广州称王的赵佗与汉王朝分庭抗礼，朝廷派大夫陆贾向赵佗劝说，陆贾完成使命后返回京都，著有《南越行记》。其中有茉莉花的记载："南越之境，百花不香，惟茉莉素馨花特芳香，女子以彩线穿心，以为首饰。"

茉莉花是一种常绿攀援灌木，性喜炎热、高温，在我国广东、福建、苏杭等南方诸省均广泛栽培。茉莉在岭南地区，即广东、广西和现在的海南省栽植也非常盛行，有人形容当时的景象是"月挂荔枝树上，人行茉莉花中"。明末清初岭南诗人屈大均在他的《阳江道上逢卢子归自琼州赋赠》如此描述当时的景象：

阳江道上逢卢子归自琼州赋赠

（清）屈大均

天晴空翠满，五指拂云来。
树树奇南结，家家茉莉开。

南宋著名诗人刘克庄也写过赞《茉莉》诗：

茉　莉

（南宋）刘克庄

一卉能熏一室香，炎天犹觉玉肌凉。
野人不敢烦天女，自折琼枝置枕旁。

茉莉花在夏季开放，一枝就能使一室香气弥漫，使人在炎热天气中还觉得玉肌生凉，有忘却暑热之感。

江苏也是全国驰名的茉莉花产地，苏州素有“茉莉花城”之称。清代诗人陈学洙，江苏长洲人，他下面这首《茉莉》诗，比较细致地描写了茉莉花的特征、种植茉莉花的盛况，以及采摘和妇女以她为首饰的风气：

茉　莉

（清）陈学洙

玉骨冰肌耐暑天，移根远自过江船。
山塘日日花城市，园客家家雪满田。
新浴最宜纤手摘，半开偏得美人怜。
银床梦醒香何处，只在钗横髻发边。

茉莉花溢香消暑，香味迷人，古代妇女喜欢把它簪在发髻上或者用细线把她串成球，挂在衣襟上。早在晋代就有“倚枕斜簪茉莉花”的风尚，到唐宋时期，长安妇人头簪茉莉花已习见。宋代许棐诗云：

荔枝乡里玲珑雪，来助长安一夏凉。
情味于人最浓处，梦回犹觉髻边香。

苏轼被贬谪海南岛时，曾作诗描写当地黎族妇女爱用茉莉花装饰鬓发和含槟榔的习俗：暗麝著人簪茉莉，红潮登颊醉槟榔。

茉莉花是一种小型花，花径约2厘米，不易引人眼目。宋代以后，中国上流社会熏香之风盛行，当时朝廷每年都要从海外进口大量香料。茉莉花清香浓郁，可以制作香精和熏茶，茉莉花茶从此应运而生。在众多熏茶的花卉中，无论从用量还是品质来讲，茉莉花都居首位。用她熏制的花茶，芳香耐久，清甜可口。所谓“熏”，就是茶叶吸收茉莉花的香气，通过热处理，使香气固定下来。明代在江南一带出现许多熏制花茶的手工作坊。有些北方人，虽未亲睹茉莉花的芳姿，但也一定品过“茉莉花茶”。一提起“茉莉”，似乎总要与“茶”联系在一起。

明代诗人钱希言曾描写当时买花窨制花茶的忙碌热闹场面：

斗茶时节买花忙，只选头多与干长，
花价渐增茶渐减，南风十日满帘香。

在菲律宾，茉莉被定为国花。每逢有宾客来访，盛情的主人就将茉莉扎结成花环，挂在客人的脖子上，以示亲善和尊敬。我国许多地方也有这种迎接贵宾的习俗。此外茉莉还是青年男女表达爱情的信物，小伙子将它献给最心爱的姑娘，以表示爱慕之情。

茉莉花清白雅致，冰姿玉蕊，浓香馥郁。在香水诞生之前，茉莉一直是女性的宠物。古代妇女不但用她来蒸液作面脂泽发润肤，且常常放置枕边，挂在床上，摆在案几，为的是使香随人转，朝夕萦绕左右。茉莉花芳香的奥秘在于她的鲜花含油0.2%～0.3%，主要成分是苯甲醇及其酯类、茉莉花素、芳樟醇、安息香酸、芳樟醇脂等。茉莉花可分为单瓣、双瓣和多瓣三大类型，现在栽培都是白色的，但从古诗描述中得知，古时还曾有红色和粉红色的茉莉花。“佛香红茉莉，番供碧玻璃”，“手拈茉莉腥红朵，欲插逢人问可宜”。在《本草纲目》和《花经》中也提到有红色的茉莉。

茉莉花还可入药，花能开郁、辟秽，叶能消肿解毒。《本草纲目》载，茉莉花“辛热无毒……长发润燥香肌，亦入茗汤”。根能理气、活血、安神镇痛，将茉莉根适量捣绒，酒炒，包患处可治跌伤筋骨。《本草会编》记：“茉莉根热有毒，以酒磨一寸服，则昏迷一日乃醒……凡跌损骨节脱臼接骨者用此，则不知痛也。”近代医学证实茉莉花根酒浸液对中枢神经有麻醉止痛作用。茉莉花慷慨无私，她把全身贡献给人类，直至芳馨散尽。

人们不但种植茉莉，佩戴茉莉，制作茉莉花茶，以诗赞颂茉莉花，还以各种文艺形式来表现其魅力。2005 年拍摄的电影《茉莉花开》就是一部反映上海一家三代女性的爱情与婚姻的故事，可见茉莉还寓意着爱情与婚姻。但人们更多的还是歌唱茉莉。从古至今，以她为主题的歌曲，就有十几首，如“亲亲茉莉花”、“茉莉花”、“又见茉莉花”、“茉莉花为你轻轻地歌唱”、“送给妈妈的茉莉花”等；有江南小调、陕西民歌、河北民歌，也有戏曲、抒情歌曲，还有现代版的流行歌曲，真是百唱不厌。

2002 年 10 月 14 日南京市六合区隆重举办了“中国南京首届茉莉花音乐文化节”。当时 500 多名中外客商、文艺界人士及上万群众出席了这一盛会。此举开创了江苏省以“民歌经典为媒”举办节庆活动的先河。六合区是蜚声中外的江苏民歌《茉莉花》的发源地，这届“茉莉花文化节”的举办显示出与众不同的文化品位。在“茉莉花”节开幕当天，各界嘉宾听“茉莉花”名曲，尝“茉莉花”大米，品“茉莉花”香茶，参观考察金牛湖、石柱林等旅游胜景。足见江苏省与茉莉花有着不解之缘。

在江苏，最著名的民歌是“茉莉花”，歌词大致是：

好一朵美丽的茉莉花，满园花香也香不过她。
我有心采一朵戴，又怕看花的人儿骂。
好一朵美丽的茉莉花，茉莉花开雪也白不过她。
我有心采一朵戴，又怕旁人笑话。
好一朵美丽的茉莉花，满园花开比也比不过她，
我有心采一朵戴，又怕旁人笑话。

在几百年前“茉莉花”就在民间广泛流传，就连香港版的电影“三笑”，当唐伯虎见到美丽、清秀的秋香时就情不自禁地唱起“好一朵美丽的茉莉花”。这首歌不但中国人喜欢，就连外国人也爱听。据说清末或是民国初年，中国留学生在欧洲参加一个活动，当要求每个国家必须唱国歌时，由于当时清政府还没有国歌，于是他们就唱了一首“茉莉花”，受到了与会者的热烈欢迎，西方人惊诧，如此泱泱大国的国歌竟这样委婉悠扬、清越动人。从此以后，歌曲“茉莉花”就像一张介绍中国的巨大名片，让全世界都了解中国。1904 年，意大利作曲家普契尼就由“茉莉花”一曲得来了创作灵感，虚构出一个充满浓郁东方风格的作品，即是享誉内外的歌剧“图兰朵”。2003 年中国公主图兰朵终于荣归故里，由大导演张艺谋执导搬上了京城的舞台。

2000 年 10 月 28 日至 2001 年 2 月 25 日，在法国举办了为期 4 个月的“2000 年中国文化季”。当时正值新春佳节，中央电视台银河少年艺术合唱团又以他们稚嫩清丽的童声给法国观众带来了纯粹的艺术享受。他们先唱起了“马赛曲”，巴黎的市民立时为这一群小小的国歌演唱者们驻足行礼。掌声之后，他们又哼唱起了“茉莉花”，“好一朵美丽的茉莉花，好一朵美丽的茉莉花，满园花开香也香不过她……”。在这世纪之交的特殊季节，茉莉花的柔和旋律在巴黎街头乃至整个法国荡漾着，犹如一股来自东方的和煦春风。之后，“茉莉花”跟随中国民乐团走进奥地利维也纳金色大厅，一曲奏罢，余音袅袅，掌声雷动，经久不息。

2004 年 8 月 30 日在希腊的首都雅典举办的第 28 届奥林匹克运动会闭幕式

上，中国2008年“奥组委”率领中国艺术团演出的节目就是在一群青春活泼的中国姑娘弹奏的一曲欢快的“茉莉花”的乐曲中拉开了帷幕，将全场观众的情绪带入了高潮，茉莉花又一次展示出她巨大的魅力，大家都急切地盼望着2008年“北京奥运会”的到来，去那遍地茉莉花的芬芳世界一饱眼福。

百年好合吉祥花

——百合鉴赏

百合是百合科百合属多年生草本植物，因其地下部分呈球形鳞茎，所以她属于球根花卉。大概由于鳞茎是由许多白色鳞片层环抱而成，形如莲花，故名“百合”。鳞茎可食，尤其有一种“兰州百合”的鳞茎，就是名贵菜肴“西芹腰果百合”的原料之一，此菜很受欢迎。还因为鳞茎个大、味甜，所以还是制作甜点的材料。由她制作的百合干、百合粉在国际市场上价格很高。除了食用外，百合的药用价值也很大。汉代医药名家张仲景在其所著的《金匮要略》中就详述了百合的药用价值。

说到百合，可能有许多人对她认识不足，但一提起“山丹丹花”，大多数人都听说过她的大名，那是因为一首陕北民歌《山丹丹开花红艳艳》才使这种花提高了知名度。其实，山丹花就百合中的一种。人们可能只知道陕北有山丹丹，孰不知在内蒙古大草原上，野生的山丹花也遍地开放。每年春天山丹花盛开的时候，整个绿色草原就变成一片红色的海洋，在那红红的花海里，还会不断传来“山丹丹开花红艳艳……”的歌声。内蒙古人民把山丹视为爱情、美丽、吉祥的象征。新生的女儿很多都会取名叫“山丹”或“萨日阿娜”（蒙语，山丹的意思），甚至内蒙古最上等的毛线也以“山丹”为名。

在内蒙古、陕西、河北等地到处均有野生的山丹花，她们多为纯红色，无任何斑点。华北地区赞颂山丹花的民歌这样唱道：“山丹丹开花一点点红，酒盅盅量米，妹妹呀不嫌你穷。”歌词淳朴，充分展示了青年男女崇高的爱情。

百合原产北半球温带和亚热带，全世界共有 80 多种，中国占 42 种，是百合的原产地之一。百合有野生、人工栽培之分，有经济价值的品种为天香百合、白花百合、细叶百合、麝香百合、川百合、甜百合、娥眉百合和山丹、卷丹等。以湘百合、兰州百合、宜兴百合最负盛名，在国际市场有很高的声誉。

百合为中国传统吉祥花卉，远在南北朝时既定为宫苑名花。南朝后梁皇帝萧（百合）诗云：“接叶有多种，开花无异色。合露或低重，从风时偃仰。”相传亚当与夏娃受到蛇的邪恶诱惑偷吃禁果，被逐出伊甸园，夏娃悔恨之余，暗自流下悲伤的泪水，泪水落地后化为纯洁芬芳的百合花。

百合受人欢迎的原因不只是由于她的花姿、花色以及经济价值，同时也因为她有一个美丽吉祥的名字“百合”。中国人总愿意借她的谐音，而实现“白头到老，百年好合”的愿望。因此，在婚礼上，从新娘子手捧的“新娘捧花”到接亲的“花车”，从新房中摆放的“瓶花”，到亲朋好友赠送的花篮，无不出现“百合”的身影。因此，在中国也有人用百合花来寓意爱情，如电视剧《金粉世家》中的男主人公金燕西第一次与女主人公冷清秋邂逅，就是通过在花店里他见到她买了一束百合花来展现的。而到最后燕西为了求得清秋的原谅，又将冷家小院的葡萄藤插满了百合花。

也有人说，百合之名是指百子团结之意，这其中还有一个动人的传说。说是早年间在四川一带的蜀国，国君与皇后恩爱有加，他们生有一百个王子。在国君年事渐高时又娶了一个年轻貌美的妃子。这妃子入宫第二年就给老国君生了一个小王子。国君老年得子，十分高兴，倍加宠爱。而王妃的想法却是如何让自己生的这个小王子继承王位。于是她就向国君进谗言，说皇后教唆那一百个王子造反。国君年纪大了，不免昏庸，不辨是非，就下令将皇后和一百个王子都驱赶出境。他们的邻国滇国本来就对蜀国虎视眈眈，想侵占其领土。现在见蜀国国君如此昏庸无道，居然连自己的亲生儿子都赶出国境，认为时机已到，便马上发兵攻打蜀国。蜀国本来国力是强盛的，但文武大臣们自从见到国君宠幸王妃，听信谗言，赶走皇后和王子，个个人心涣散，谁也不愿为国君效力了，所以滇国的军队攻城夺池，很快就逼近蜀国国都，形势万分危急。国君在束手无策之际，只好亲自督阵。可是他年岁大了，体力不支，加上威信丧失，军队中人人只顾自保性命，无人肯冲锋陷阵。正在这时候，国君忽然看见远远来了一队人马，人数不多，却英勇异常，直奔入敌人阵营，一阵猛冲猛杀，把敌军杀得人仰马翻，剩下的少数几个也狼狈逃窜而去。待到国君带领着军队迎上前去，才看清楚原来这一支仿佛从天而降的援军，竟然是被自己驱逐出宫的一百个王子和他们带领的家眷们。这时，国君又高兴又惭愧，激动得不知说什么才好。此时一位老臣赶上前来，对国君说：“皇上，家和万事兴呀。你该把皇后和王子们都接回宫来，一家人团团圆圆才能安家兴国。”大王子说：“父王，请您放心，母后一贯教导我们要团结一心，共同辅佐父王，更要我们善待王妃与小弟。我们一百个兄弟永不分离，一定要帮助父王共同治理国家。”国君老泪纵横，激动得说不出话来。以后当然是接回了皇后和一百个王子，王妃也知错认错了，蜀国从此更加强盛发达了。以后不久，奇怪的事发生了。那就是在王子们当年与敌军作战的高山林下，不知不觉地长出了一种奇异的植物。人们根据她的地下茎层层叠合的特点，并联想到百子合力救蜀王的故事，便给她取了一个象征兄弟团结意义的名字——百合。

无独有偶，相类似的传说故事在遥远的古代智利也同样流传。远古时，智利的百合花只有蓝、白两色。公元16世纪，印第安人阿拉乌加诺部族，与西班牙殖民者进行了不屈不挠的抗争。在民族英雄劳塔罗的领导下，阿拉乌加诺人把入侵者打得落花流水，狼狈逃窜。正当义军节节胜利之际，却由于叛徒的出卖，劳塔罗和他的3万名爱国将士误中了殖民者的埋伏，经过浴血奋战，全部壮烈牺牲。第二年春天，在爱国志士捐躯的地方，漫山遍野绽开了红艳艳的百合花，人们认为这是烈士们用血浇灌过的蓝色、白色百合变成的。因此，当智利获得国家独立后，人们一致赞成将这种红色的百合定为国花，并命名为"戈比爱"。智利国构思奇巧的国徽上，也有一束美丽多姿、质朴可爱的红色的野百合花——戈比爱。

中国古人对百合也十分喜爱，清代严兆鹤有咏《百合花》诗：

学染淡黄萱草色，几枝带露立风斜。
自怜人世多难合，未称庭前种此花。

诗中描述百合花形似萱草，带露含情，植于庭前，让人一睹其圣洁的样子，她不知人世间有那么多的悲欢离合，却起了这么吉祥和顺的名字。自己在庭前种上此花，也只能是增加烦恼。在这里，作者其实是在把自己的命运比作百合，此诗格调不免低沉。与严兆鹤相比，陆游就乐观多了。他种花养性，不仅非常热爱生活，而且善于创造生活，并以此怡情养性。他在诗中写道：

芳兰移取遍中林，余地何妨种玉簪。
更乞两丛香百合，老翁七十尚童心。

诗人被罢黜后，回到故乡过清贫生活，虽屡遭贬谪，壮志难酬，但诗人仍坚守中国古训，隐则独善其身。为了使自己心情舒畅，诗人到处寻花觅草，自找乐趣。他从林中移来兰花，又弄来玉簪，然而当他乞得两株百合花，便如获至宝似的，高兴得像孩子一般。由此可见诗人对百合的青睐之情到了何等地步。

百合是吉祥之花，她给人们带来祝福和吉利，所以，不但中国人喜爱她，西方人对她也十分推崇。西方人从中国引种百合之后，一直把她当作圣洁的象征。在法国，百合花是古代法国王室权利的象征。相传，法兰克王国第一个国王克洛维洗礼时，上帝以百合花给他贺礼。后来，法兰克王国分裂，发展为法兰西。法国人为了纪念他们的始祖，从12世纪开始，百合花便成为法国国徽的图案。法国大革命也以她为精神象征。在圣经中，百合是被逐出伊甸园的夏娃悔恨的眼泪落地后长出的，是甜美、纯洁的象征，欧洲人把她视为纯洁少女。在复活节那天，白色的百合花是用来献给圣母和装饰祭坛不可缺少的花，所以，她也叫天堂花。西方人对她情有独钟，只要哪种花与她有些相似，就会被命名为某某百合。在欧洲的婚礼或葬礼上，百合也是常用花卉之一，她也是西方青年表达爱慕时常用的赠送礼品，同时也是西方爱情诗歌中，借物表情常引用的花卉之一，因为她代表着真挚的爱情。看来百合与西方文化也有着不解之缘，她蕴涵着中西双重文化，受到了各国人民的喜爱。

"山丹丹开花红艳艳……"，随着这首陕北信天游的流传，山丹丹花早已是革命圣地延安的象征。但因近年来过度放牧、气温升高、雨水偏少等原因，延安山丹丹花数量急剧减少，越来越多的延安人不约而同地发出痛心的呼吁：快拯救山丹丹吧！过去，成年山丹丹种球开花 8～20 朵，花色鲜红，花期 6～7 个月，多在黄土高原的阴坡上与杂草伴生。由于花色鲜艳，生命力强，数量多，欣赏价值高，使陕北人引以为豪。延安人认为山丹丹象征着延安，也象征着"革命圣地的精神"。见到她，就想起了那个火红的年代，而现在山上已很少见到山丹丹，即使在深山里也不多见。眼看"山丹丹开花红艳艳"要成为历史，令延安人民叹息不已。许多海内外游客来延安看山丹丹花的愿望落空，只好带着遗憾离开延安。为拯救山丹丹，目前延安已有人试着种植栽培的山丹丹，获得成功，宝塔山景区的山丹丹就是培育出的新品种。但野生的山丹丹的保护仍是紧要的问题，不只是延安人民，全国人民都在期盼着再现"山丹丹开花红艳艳"的喜人景观。

花相风姿胜花王

——芍药鉴赏

芍药是毛茛科草本花卉，又称殿春、婪尾春、花相、离草、将离、花仙。她是多年生宿根花卉，茎簇生，约1米高，花期在4～5个月。

由于芍药的花形、花色酷似牡丹，色彩艳丽，千娇百媚，雍容华贵，富丽多姿，而且她的花期也只比牡丹略晚一些，在园林中这两种花卉也常是栽在一起。许多人对她们都分辨不清，必须仔细对比才能区分清楚。每当牡丹花开接近尾声时，芍药就开始"粉墨登场"了，这样一来就相当于延续了牡丹的花期，提供给人们更长时间的享受。也可以说芍药在给牡丹"捧场"，或者是说"救场"。人们在赋予牡丹"花中之王"的美誉后，也为芍药戴上了"花相"的桂冠，她们两个还共同被誉为"花中双绝"。许多人都认为牡丹比芍药名气大，其实，牡丹还有一个名字叫"木芍药"，可见，有时牡丹也需要依傍"芍药"来让人们认识她。因此，多少年来芍药也同牡丹一样享有较高的地位。

由于芍药花姿优美、花色艳丽、丰腴娇艳，自古以来就受到人们的喜爱。古时男女交往时，常常以芍药花相互赠送，表达爱慕之情。《诗经·郑风》里有"维士与女，伊其相谑，赠之以芍药"。另外，她也表示惜别之情，可以在分别的时候相互赠送，还叫离草、将离。

人们还为芍药起了许多好听的名字，就拿她的别名"婪尾春"和"殿春"来讲，其中就有一段韵事。北宋人陶谷撰著的《清异录》中记载：胡嵩有这样一句诗"瓶里数枝婪尾春"。当时，许多人都不理解是什么意思，有个叫桑维翰的人解释说："唐宋文人谓芍药为婪尾春者，婪尾乃最后一杯。芍药殿春，故有是名。"因为芍药是在春末开放，在这里，被比作筵席上的最后一杯美酒。

芍药总能得到历史文人的垂青，宋代文豪苏东坡曾写过一首赞美她的诗：

一声鹈鴂叠楼东，魏紫姚黄扫地空。
多谢花工怜寂寞，尚留芍药殿春风。

第一句“一声鹍鴂昼楼东”,“鹍鴂”在古时指杜鹃,当它鸣叫时就预示着春天的来临。“魏紫”和“姚黄”则是古代牡丹的两个名贵品种,有人将“姚黄”比作牡丹中的皇帝,将“魏紫”比作皇后,以后“魏紫姚黄”也就成了牡丹花的代名词。这里说牡丹都凋零飘落以后,幸好有“花工”安排芍药接上了春天里的最后一班岗,使春天不寂寞,仍然姹紫嫣红,满园春色。

苏东坡还在他的《题赵昌芍药中》再一次赞美芍药:

倚竹佳人翠袖长,天寒犹著薄罗裳。
扬州近日红千叶,自是风流时世妆。

该诗把芍药开花时红花配绿叶的壮美景观,比作披着薄纱翩翩下凡的仙女,而她们所穿着的衣衫,可谓当今世界上最时尚的装束了。寥寥几笔将芍药的丰姿、神韵刻画得惟妙惟肖。

然而,宋代文人陈从古的词《蝶恋花》却侧重描绘芍药的妩媚多姿、雍容华贵,借她来发泄自己怀才不遇的愤懑:

蝶 恋 花

(宋)陈从古

日借轻黄珠缀露,困倚东风,无限娇春处。
看尽夭红浑谩语,淡妆偏称泥金缕。
不共铅黄争胜负,殿后开时,故欲寻春去。
去似朝霞无定所,那堪更著催花雨。

词人咏的是芍药中的黄芍药。不过,并不是咏赞她的盛开之日,而是叹惋其飘零之时。他又不是细致地去描写她凋谢的凄凉景象,而是运用拟人的手法,写芍药“看尽夭红”,识破虚假,于是“殿后开”,不“争胜负”,无处寻春的高洁。开头三句写尽管黄芍药临近凋谢,但是她只需借她的“轻黄”和缀在花瓣上的露珠来显示她最后的芳容,就是说她像“困倚东风”的美人,仍然具有“无限娇春处”。“看尽夭红浑谩语,淡妆偏称泥金缕。”中“夭红”指白花,“浑”指“全”或“满”,“谩语”指说谎。“泥金”指金末、金屑,用于书画及涂饰笺纸等。这里说,这个“夭红”的世界,看似美丽,其实全是谎言,明明是“淡妆”却“偏称泥金缕”,很显然,词人是讽喻人间之世俗。“不共铅黄争胜负”,“铅黄”指铅粉与雌黄,用来校对书籍,又称校勘之事为“铅黄”,这里是辨真识伪之意。所以词人说,要想辨别真伪是不可能的,干脆“不共铅黄争胜负”。“殿后开”是说,芍药不屑与“夭红”为伍,因此,要在“夭红”和“谩语”死去以后,寻找一个真正的春天,昂然开放,显示出最后的春色。“去似朝霞无定所”,但是真正的春天到哪里去寻找呢，词人流露出无限的迷惘和哀叹。“那堪更著催花雨”正在迷惘和哀叹之际，偏偏又遭到“催花雨”，芍药哪经得起这样的打击。作者表面写的是芍药，无形中流露出对自己惨遭邪恶势力迫害的郁愤。

芍药除了在园林中可以与牡丹共同栽植形成花境，以延续牡丹的花期。还可以以芍药为主，配以各种花草，使园内四季有花或常绿。如配以景天、石竹、福禄考、美女樱、萱草、荷兰菊等。若将她与月季混栽在一起，可延长花境的整体花期。芍药也可以与天竺葵、腊梅、桂花等配植组成四季景色，这样，使景色更有风韵，耐人寻味。

此外，芍药也可以进行盆栽，来美化家庭居室或宾馆、大厅、会场等场合，并为这样的环境增添色彩。

由于芍药花大、美观，她也就成为切花的上等材料，插制成各种插花作品美化大厅、会场或居室。

牡丹与芍药，同属毛茛科，许多人都对此混淆不清。虽然她们从叶到花都十分相似，但毕竟是有区别的：牡丹是木本植物，其茎已经木质化了；而芍药是草本，其茎是草质化的，若以手用力捏，可以捏扁，用剪子切断后，可见到其茎中心是空的。牡丹的叶子是 2～3 回复叶或较浅的裂叶，看上去，叶子比较大些、整些，芍药的叶子则是 2～3 回复叶或深裂，显得较小、较细碎。还有因为牡丹是木本植物，所以冬季虽然落叶，而枝干仍然存在，次年春季，叶子从枝条上发出来，而芍药是草本植物，所以，秋末时其叶和茎均枯黄落地，地上一片光秃，到了次年春天才从地面钻出来。尽管如此，非专业人员，很难辨别她们，因此，市场上的“切花牡丹”几乎都是“切花芍药”。

山东的菏泽也家家户户栽有牡丹和芍药，历史上著名的“曹州牡丹、芍药”就是指的现在的菏泽“牡丹、芍药”。而江苏的扬州栽培芍药也历史悠久，而且名扬天下，并有“洛阳牡丹，扬州芍药”之说。在那里出现了一些远近闻名的名贵品种，如“御衣黄”和“金带围”。元代杨允孚曾有诗句“扬州帘卷春风里，曾惜名花第一娇”，宋代黄十朋的“千叶扬州种，春深霸众芳”，这些诗句都是歌颂、赞美扬州芍药的。北京的丰台从元代就有芍药的栽培，到明清时期进入繁盛期，并有“丰台芍药甲天下”之称。中国是芍药的故乡，到目前为止，我国各地都有芍药的栽植，还形成了许多“芍药之乡”。

芍药的肉质根具有很高的药用价值，她分为“白芍”和“赤勺”两种。安徽淮北的亳县是我国中药材白芍的主要产区，那里的“亳白芍”远近闻名。江南地区较有名的“芍药之乡”是浙江的杭州市，当地的芍药不仅用于观赏，而且用于药材的生产制造，那里的“杭白芍”驰名中外。

芍药还可以用来出口创汇，目前她的苗木、切花远销荷兰、美国、加拿大等20多个国家，使中国的芍药飘香海外，誉满全球。

芍药不但具有观赏价值，而且具有很高的药用价值。芍药的肉质块根为重要中药材，白芍则更为名贵。过去，在中医治病时，用它镇痛解热等。现代医学医药从芍药中提取芍药甙，芍药甙具有镇静、解痉、抗炎、抗应激性溃疡病、抗扩张冠状动脉血管病、对抗急心肌缺血，以及抑制血小板聚集、延长血栓形成时间等多方面的药效，而且毒性小，现在临床上已试用于治疗冠心病。为此，我国还进行成品中药材丹皮、白芍的出口，为世界人民解除疾苦。

芍药绿叶扶花，硕大娇美、灿若云霞、妩媚多姿、清香宜人，是我国百花园中的一朵奇葩。她虽然没能跻身“中国十大名花”之列，但在群芳面前她也毫不逊色。尤其是能在春季百花凋零之时，延续着这美丽的景观，其精神更是难能可贵的。同时芍药也依靠她独特的医药功能，为人类医治疾病，为患者解除病痛的折磨，最终达到康复的目的，给人类带来福音。

唯有君子压群芳

——君子兰鉴赏

君子兰并不是"兰科"的"兰花"，而是石蒜科多年生常绿草本花卉。虽说她不是"中国十大名花"，但也不是一种普通的花草，而是一种宝草，就像钻石不是普通的石头，而是宝石一样。每次花展总是有许多人驻足在那些名贵君子兰前仔细观赏，并不时发出声声惊叹。君子兰是万花丛中的奇葩，是一种奇花异草。其他花卉或以花色艳丽、花姿娇美引人注目；或以叶形奇特、叶色美观赢得人们的喜爱；也有的以香气袭人让人顿足，但她们总给人以单调肤浅之感。君子兰奇就奇在其花、叶、果俱佳，并且有"观赏其叶胜过观花"之说。所以有人说："百花虽好不用问，唯有君子压群芳"。

君子兰的拉丁学名含有"高贵、高尚、富有、美好"之意，而中国人予以她的名字——君子兰，更赋予了她"高雅至上"、"富贵华丽"的正人君子之风韵。她有许多奇特之处。

首先是造型奇特、美观。你看她那青筋黄地，宽厚光亮的剑形叶片，整齐而对称地排列两边，秀拔舒展，仪态端庄，犹如两排持剑站立的皇家卫队。君子兰同时还集"阴柔"、"阳刚"两性美德于一身；她的每片叶子都像一条条优美的弧线，而两侧的弧线又构成了完美的曲线，上下起伏好似波浪，又似缠绵不断的水月风情，拨动着人们爱的心弦。别的花卉"花开花落总有时"，还得"蓄芳待来年"，而君子兰叶片具有极高的观赏价值，月月、天天、时时、刻刻能供人观赏，给人以美的享受。叶片下部是由叶鞘编成的假鳞茎，又称为"座"，她们有的像玲珑塔，有的像金元宝；而叶片的顶部形态各异，有的似椭圆形，有的如半圆形，像用圆规画的一样，自下而上，层层叠叠，一步一层楼，甚为壮观。从总体形态上观赏她，"侧看一条线，正看如开扇"，若君子兰的叶子不在一条线上，养兰者会用锡箔纸夹住长出的部分，慢慢地，那部分会逐渐缩回去，与其他叶子对齐。仔细观看其造型，她们有的像孔雀开屏，有的似大雁展翅，正是"绿叶两面排，好似大雁来，花开红似火，君子乐开怀"。

其优美的造型宛如天公作美，让人百看不厌，流连忘返。

君子兰的另一奇就是无论她的花、叶、果，还是座、味，均具有多方面的观赏价值。君子兰的花开在冬季，大约在圣诞节、元旦、春节期间，而且花期长。特别是在北方，外面冰天雪地银装素裹，室内绿叶红花，春意盎然，一派生机，给人以欢快愉悦之感，烘托着节日喜庆热烈的气氛。两边排列整齐的美丽叶片簇拥着茁壮的花葶，撑起一团火红的花朵，几十朵小花像喇叭一样向四方鸣奏。她告诉人们，这才真叫"我花盛开百花杀"。长春有株名贵君子兰同时抽出六支花葶，共开花52朵，颇为罕见，实属名贵。现在君子兰又被培育出许多具有香味的品种，每逢开花之时，便使人陶醉在这芳香的世界中。一般花开之后结出的硕果由绿变红，最后变紫红，十分美丽壮观，且持续时间长。所以说，君子兰可以四季观叶（或座），三季观果，一季观花，花开时可闻其香气。

君子兰还有一奇，就是把她从土中拔出一两个月死了，抹了头还能发芽，根全烂了能再发新根，也就是说她生命力极强，长生不老。虽说她是多年生植物，但培育几十年后可以将其根茎切去一段进行扶壮，使其返老还童焕发青春。第一代品种"技师"到目前已有近40年花龄，却仍能茁壮成长。

其实，君子兰的最大一奇就是，她好像大自然赐给人类的一部天书，这就是她不仅有美丽的外表，而且还有极深广的内涵。在她面前，多聪明、多有学识的人都不敢轻言一个"懂"字。就君子兰的鉴赏而言，面对同一棵君子兰，不同的人会有不同的解读，正所谓"仁者见仁，智者见智"。近年来，用高价买回中低档君子兰的人的确不少，反之亦然。也就是说，君子兰的鉴赏技术、莳养技术、杂交技术，有待我们进一步去探索。

君子兰原产于非洲，20世纪30年代才传入中国，现在以东北的长春、鞍山、辽阳等城市栽植最为火暴，在那里养兰的人非常多，而且爱兰如命。所以，君子兰自然也是长春市的市花。在文革期间，当君子兰被当作"封、资、修"的典型被大片毁掉时，仍有少数爱好者将她藏进下水道、废品库，甚至是动物园的老虎栏中，才使她得以保存。养兰者爱兰，甚至将君子兰拟人化，立下了"作君子之人，行君子之风，养君子之花，传君子之道"的座右铭。他们以兰会友，相互切磋养兰技艺，互换品种，还成立了"君子兰协会"。20世纪70年代，一位外宾为了得到一种叫"凤冠"的名贵品种，宁可"以皇冠去换取凤冠"来实现他梦寐以求的愿望。直到现在仍然有"一花抵万金"之说，在长春、鞍山、辽阳一带，许多人就是靠种植君子兰而发家致富的。

中国最名贵的品种也大多是从长春、鞍山一带产生的。如20世纪70年代的"油匠"、"黄技师"、"和尚头"，到现在的"横兰"、"日本兰"、"鞍山兰"、"雀兰"、"缟兰”等。现在世界上已经培育出花朵下垂的“垂笑君子兰”，她含蓄深沉，好似情窦初开的少女；又因为她具有君子风范、高雅肃穆，好似垂首沉默，所以她还常常作为葬礼上追悼、祭祀用的花卉。

君子兰具有多方面的观赏性，作为观花、观叶、观果、观座又闻味的名贵花卉确实当之无愧。你看她的剑形叶片抱茎两列相对而生，终年墨绿；她的花形美丽，色彩鲜艳，清秀文雅，高洁端庄，花期长久；她的花香，沁人肺腑，清香宜人；再看她的果实，硕大光亮，由绿到红，又到紫，变化多端，无愧“唯有君子压群芳”的称号。

鉴赏君子兰的标准很多。但是多年来，人们在购买中高档君子兰时，多以叶的优劣来决定取舍，较少考虑花及其他条件。其实，归纳起来，鉴赏君子兰的标准主要有以下10条：

(1)亮度。亮度是指叶片表面反光的程度，鉴赏时要特别注意区分是擦亮的还是叶片原本的状态。亮度的优劣依次为油亮、光亮、亮、微亮、不亮。

(2)细腻度。细腻度是指叶片表面的光滑程度。细腻度用观感和手感都可觉察。用放大镜观察最为明显。细腻度的优劣依次为：细腻、比较细腻、一般细腻、比较粗糙、粗糙。

(3)刚度。刚度是指叶片整体的抗弯曲强度，或理解为宁折不弯的程度，他与硬度有关连但不等同，可视为整体叶片的硬度，而不是叶片上某一点的硬度。它与叶片的长度和厚度有关。因此，长叶片与短叶片两株君子兰比较刚度时，则应分别取距顶端10厘米处加以测定。刚度越强越好，越弱越差。

(4)厚度。厚度是叶片横断面叶肉的厚薄程度，叶片边缘与中部的厚度差别越小越好。叶片头部的厚度决定叶片厚度的优劣程度，所以应取距叶片顶端5厘米处边缘及中部两处厚度平均值。厚度的优劣依次为：1.6毫米、1.4毫米、1.2毫米、1毫米、1毫米以下。

(5)脉纹。脉纹粗壮凸起，等间距分布于整个叶面，头部有密集粒纹为佳。竖脉纹通顶间距大，横脉纹正，成田字格为好。各叶片差距越小越好，应取多个叶片综合评价。

(6)颜色。颜色以浅为佳，叶面有两种颜色则反差（对比度）越大越好。对于“金丝道”来说，叶面深浅颜色的比例以1∶1为好，并且浅颜色要透。既然金丝道是君子兰家庭中的一员，所以对其鉴赏评定应参照各项标准执行。

(7)长宽比。长宽比是叶片长度和宽度的比例，比例协调才叫美，单独讲叶片的长短、宽窄不妥。片面地追求宽短，比例失调不科学，从造型设计的角度讲不美。长宽比协调的比例为3∶1。叶片的长度是指叶片顶端到叶鞘边缘与叶基连结点之间的距离，宽度是指被测叶片最宽处的数值，鉴赏时，应取六片最佳叶片的长宽比的平均值。

(8)头形。头形是指叶片顶部的形状。叶片顶端曲线圆滑过渡为好,等半径最佳,钝尖比锐尖好。鉴赏头形优劣时应以叶片半数以上的形状综合考虑。头形的优劣依次为:半圆形、椭圆形(平头形)、急尖形、渐尖形、锐尖形。

(9)座形。座形是指叶片的叶鞘在根茎上编成的假鳞茎的形状。主要有元宝形(梯形)、塔形(三角形)、柱形(方形)、楔形(倒梯形)。这4种形状又因高低不同而标准不同。座形的优劣取决于叶鞘边缘在纵向上的间距大小和两相对叶片叶鞘的边缘的夹角大小。间距越小,夹角越大,座形就越好看。座形的优劣依次为:低楔形、高楔形。

(10)株形。株形是对君子兰总体形态而言,由叶片的形状、排列编造而成。好的株形是侧看一条线,正看如开扇。侧看一条线是指叶片不左右歪斜,多与莳养护理有关,与品种关系不大。正看如开扇是指各叶片长短差不大,叶片向斜上方平伸,底叶与水平线夹角应大于零,跌片间距基本均等。株形的优劣取决于叶片是否平伸舒展及叶基(俗称脖,即叶鞘与叶片之间窄而厚的过渡段)的长度和倾斜角度。最差的株形是叶片下垂弓形,叶基过短且倾斜角度过大造成叶片向两边倒,故叠压根本构不成扇面。

此外,鉴赏君子兰还有两条辅助标准:

(1)花大色艳,花瓣紧凑,花葶粗壮高度适当,果实色浅有光泽;

(2)无人为及其他因素损伤,无病虫害等。

君子兰档次划分及分值:

各档次划分:

(1)80分以上者为珍品;

(2)70～79分为精品;

(3)60～69分为佳品;

(4)50～59分为良品;

(5)50分以下为一般品种。

各标准所占分值:

(1)细腻度:1～10分;

(2)亮度:1～10分;

(3)刚度:1～10分;

(4)厚度:1～8分;

(5)脉纹:1～10分;

(6)颜色:1～10分;

(7)长宽比：1～10 分；

(8)头形：1～10 分；

(9)座形：1～8 分；

(10)株形：1～8 分。

各标准所占分值，在鉴赏君子兰的主要十项条件中，前四条是基础，是高档君子兰必备的条件，其他六条是在此基础上锦上添花，具备得越多越好，所以这十项标准所占分值不能平均分配。而辅助标准多在各种展览会上评奖时应用，在鉴赏君子兰档次中几乎无人考虑。所以其所占分值极小，具体分配如下：

(1)花果：1～3 分(在生长正常情况下，花果剑可各得 0.1～1 分)；

(2)其他：1～3 分(无病虫害、各种损伤、盆土清洁情况可各得 0.1～1 分)。

合计：100 分。

君子兰高深莫测，真正能洞察其奥妙者为数不多。以上的标准不是绝对的，除此之外还有许多标准。这里只是为新老花友们提供一种量化的方法，以供参考。

花开时节春满园

——桃花鉴赏

桃花是蔷薇科李属乔木，高 4～7 米。早春开花，先花后叶，花色大多为粉色。花开时，粉红的一片如同天边的红霞，走进桃林仿佛进入了人间仙境。

关于桃的名字，李时珍曾解释："桃性早花，易植而子繁，故字从木、兆。十亿曰兆，言其多也。"

供观赏的桃花，一般都是复瓣和重瓣的，花色有白、粉红、深红、红白相间等。有一种"鸳鸯桃"，开重瓣深红色花，花期特别晚，结果成双。观赏类桃花主要有碧桃、日月桃、鸳鸯桃、紫叶桃、瑞仙桃、寿星桃、人面桃等品种。其中以碧桃最为优美。宋代词人秦观曾写词赞美：碧桃天上栽和露，不是凡花数。碧桃又有红碧桃、粉碧桃、白碧桃、花碧桃和洋碧桃等品种。红碧桃又名绛桃，花复瓣，深红色，艳丽娇俏。花碧桃又名撒金碧桃，一花二色。

桃花是中国的传统名花，颇得国人的钟情。因此，许多地方纷纷以桃花命名，如桃花江、桃花源、桃花峰、桃花林、桃花坞、桃花谷、桃花镇等。东晋文人陶渊明的《桃花源记》塑造了一个与世隔绝，没有灾祸，没有纷争，宛然如画的"世外桃源"，引起世人的无限遐想与向往。以后"世外桃源"常被用来比喻理想中生活安乐的地方。而位于舟山群岛附近的"桃花岛"，也曾为金庸的小说《射雕英雄传》增色不少。"文因景成，景因文传"，于是这个《桃花源记》和"桃源县"以及"桃花岛"和《射雕英雄传》也一起名扬天下。

毛泽东主席也曾在 1959 年写了首诗词七律《登庐山》，诗中也提到"桃花源"，但是他是用批评的语气说陶渊明的"世外桃源"是不现实的。要得到一个真正美满的人间仙境，还得靠人的艰苦努力，诗中道：

七律·登庐山

毛泽东　1959 年

一山飞峙大江边，跃上葱茏四百旋。
冷眼向洋看世界，热风吹雨洒江天。
云横九派浮黄鹤，浪下三吴起白烟。
陶令不知何处去，桃花源里可耕田？

桃花在中国文化中是一种重要的物象，她的文化意蕴主要由 6 个方面组成。其一，桃花是春天的象征，典型的话语描述是一句名诗“竹外桃花三两枝，春江水暖鸭先知”，人们也常说“桃红柳绿又见春”，这些都预示着春天的来临。其二，桃花是美人和爱情的象征，她常用来比喻美貌女子，桃花如影随形，常伴佳人左右。《诗经》中“桃之夭夭，灼灼其华”表面上看似摹写桃花盛开之貌，实则是借物起兴，歌咏新婚女子的娇媚可人。传说唐明皇和杨贵妃都喜爱桃花，禁苑中种桃花千株，每到桃花盛开，皇帝都要摘桃花插于宠妃头上，说“此花最能助娇态”。典型的话语描述是“人面桃花”、“桃花运”，而“桃色新闻”则是指传出的不正当的男女关系。其三，桃花有时也寄寓了人生的失意和愁苦，可用“悲情”来概括，典型的话语描述是“桃花流水”、“花开花落”，即使花期再长，花儿也总有凋零的时候。所以在中国古典文学中，感慨花事，人们借助她抒发相思之苦，失志之痛，离别之恨，甚至兴亡之叹。其四，由于桃和李适应性强，分布特别广。因此，诗经中讲“桃李不言，下自成蹊”即源于此，而后人则常用“桃李满天下”、“桃李满园”就是形容某人学生、弟子多。其五，桃花是琅苑仙葩，有仙的地方就会有桃花。许多传说、故事经常展现桃花深处仙女出没的迷离仙境。黄庭坚《水调歌头》有“溪上桃花无数，枝上有黄鹂。我欲穿花寻路，直入白云深处，浩气展虹霓。只恐花深里，红露湿人衣”，描绘了桃花掩映，红露湿人的神仙境界。其六，桃的果实象征着长寿。在老年人过寿时，人们往往送“寿星桃”，祝福老人长命百岁。难怪孙悟空和东方朔都想偷吃仙桃，来达到长生不老的目的呢。

桃花绯如朝霞、婀娜多姿的容颜姿色常引来古人的赞颂。宋代诗人杨万里在他的《东园探桃李》中这样赞美桃花：

东园探桃李

（宋）杨万里

有花无叶也孤寒，有叶无花草一般。
最是桃花饶态度，醉花娇绿恼人看。

诗中说，桃花避开其他花的缺点，而又占了别的花卉的优点，让人百看不厌。

特别有一种人面桃花，外层花瓣粉红色，内层花瓣越向中心越红，仿佛美人娇羞深藏不露。人面桃又名“美人桃”，即千瓣花桃。“人面桃花”这个典故大概就是指这种人面桃。故事是这样的：

唐朝书生崔护清明节到郊外春游，在一个小村庄里，见到一个美貌的姑娘倚在桃树旁，显得十分娇艳可爱。当时，崔护因酒后口干，便向她讨些水喝。姑娘给了他一杯水，崔护喝完水后，很想与姑娘再说些什么，却因萍水相逢不敢唐突，只好怅然离去。

第二年清明，崔护兴致勃勃地又来到这里，但只见双门紧闭，而不见那姑娘。崔护久等不见姑娘露面，便在姑娘门上题诗一首：

去年今日此门中，人面桃花相映红。
人面不知何处去，桃花依旧笑春风。

又过了几日，他再去登门拜访，才知那姑娘因想念他终日郁郁寡欢，见诗后触景生情竟绝食而死。崔护悲恸不已，在尸体旁大声呼叫：“崔护在此！崔护在此！”姑娘被感动了，竟复活过来，于是俩人结为夫妻，有情人终成眷属。每当人们读到这首优美绝句时，总会不由自主地想起作者描写的那段感人的爱情故事。展现在我们面前的是一片烂漫的桃花，和那树下脉脉含情的姑娘……于是“人面桃花”这个典故流传至今。

桃花在文学中可以代表爱情的悲与喜两个方面，《红楼梦》中林黛玉写过桃花诗，而她葬花时，葬的也是桃花，可见桃花既表喜，又表悲，具有双重性。明朝女子李香君美艳而不失忠贞高洁，饱受小人凌辱而不屈服，最后是“扇破花消”，爱情终成空幻。作品以“桃花扇”名之，也是在暗示一种悲剧意蕴。刘禹锡《竹枝词》有“山桃红花满上头，蜀江春水拍山流。花红易衰似郎意，水流无限似侬愁”。无独有偶，南宋诗人陆游与唐婉爱恨离别，在其《钗头凤》里被抒写得委婉凄迷：“桃花落，闲池阁。山盟虽在，锦书难托。莫！莫！莫！”由此可见，诗歌借桃花的衰败来表现爱情的失意，已在文学史上形成一种艺术典型。

观赏桃花在常人眼里是件享受之事，而对鲁迅来讲却是非常反感，有个“不去龙华看桃花”的典故就出自鲁迅《给颜黎民的信》：“至于看桃花的名所，是龙华，也有屠场，我有好几个青年朋友就死在那里面，所以我是不去的。”这句话有两层意思：一是龙华是看桃花的有名场所；二是龙华桃花盛开的地方有革命青年的激情与鲜血。龙华确实是“看桃花的有名场所”，中国十大观桃花盛地，上海就独占两处：一个是南郊龙华镇，另一个是南汇桃园。作为江南古镇，明清之际，龙华就有“三月三，逛庙会，看桃花”的民俗。当时的龙华以“古寺、宝塔、桃花”为三大胜景。桃花主要生长在龙华公园里，就是今天的龙华烈士陵园。虽然仍春寒大地，园内桃花已经开了近一半，粉的如同天边的朝霞，红的仿佛鲜血一般。在20世纪30年代中的上海，许多人都听过周璇唱的《龙华的桃花》，歌中唱道：“上海没有花，大家到龙华，龙华的桃花也涨了价，你也买桃花，他也买桃花，龙华的桃花都搬了家。路不平风又大，命薄的桃花，断送在车轮下，古瓷瓶红木架，幸运的桃花，都藏在阔人家，上海没有花，大家到龙华，龙华的桃花都回不了家……”正当周璇唱着“龙华的桃花都回不了家……”差不多同时，被囚于国民党淞沪警备司令部军法处的一些革命志士在龙华看守所的墙上留下绝命诗：龙华千古仰高风，壮士身亡志未穷，墙外桃花墙里血，一般鲜艳一般红。1927—1937年，数以千计的中国共产党人和爱国志士被关在此处，包括鲁迅先生的“好几个青年朋友”：柔石、殷夫、胡也频、冯铿和李伟森，最后都在龙华就义。后来人们在烈士就义的院落里篱笆树荫下，发现了20多具烈士的遗骨，有一件遗物是一件深色的粗毛线背心，胸口被子弹打穿，破损处的颜色与别处不同，分明是一种深赭色，人们说那是烈士冷凝的鲜血，如同桃花树下的泥土。

然而，桃花在绝大部分场合下，还是寓意着幸福、和平、繁荣昌盛。有一首脍炙人口的歌《在那桃花盛开的地方》，通过盛开的桃花，来描绘家乡的美丽景色。这首歌也使那个“桃花盛开的地方”令人心驰神往。

北京每年都举办“桃花节”，届时数十万人涌入香山植物园游园赏桃花。此外，南京、上海、成都、桃源、合肥、无锡等地也每年举办“桃花节”，同时进行各种与“桃花文化”有关的丰富多彩的活动。如竞写桃画诗文、画桃花图、唱桃花歌、演桃花戏、品尝桃花食品……然后，进行招商引资、贸易洽谈，真所谓“桃花搭台，经贸唱戏”。桃花常与婀娜多姿的垂柳一起配植在湖畔、溪旁、河边，每到这时，“碧柳红桃簇簇新，满野芳菲似红云”，到处是桃红柳绿，春日胜景真是令人陶醉。

在广东，春节前有互送桃花枝的风俗，这寓意着事业有成，生意兴旺发达、家庭美满。对于未婚的人来讲，还可以借“桃花运”的吉兆早日觅得知音，组成自己幸福的家庭。桃花似乎已经成为广东过年的“主角”，甚至有人说“家里没有桃花，就不算过年”。这也给当地的花农带来了可观的收入。

除了用于园林，桃花也可用于盆栽。盆栽一般选用寿星桃、垂枝桃等矮化品。此外，桃花还可以制作盆景，摆在家中，自娱自乐。桃花枝还可以作为东方式插花的切花材料，来表现春意盎然，满园春色，桃红柳绿又一春等景观。

桃的花、果、仁、叶、根还可以入药及加工制作食品。桃花有美容作用，桃花与露水洗面，能美容颜。据说服桃花，可以悦泽人面，令人好颜色。桃木可制作成精美的工艺用品，桃胶是制药工业上的乳化剂和黏合剂。

桃花是中国文学重要的题材之一，“桃花文化”使我国的历史及文化更加灿烂辉煌，桃花也将祖国山河装扮得更加美丽妖娆。

只恐夜深花睡去

——海棠鉴赏

海棠是蔷薇科苹果属小乔木,高 3～7 米。早春花蕾期为深红色,盛开后褪为淡红色,再配上青翠的绿叶,花红柳绿,景观十分壮美,享有“花中神仙”美誉,是优美的观赏植物。

海棠在我国有悠久的栽培历史,目前我国境内约有 20 多个品种,多数是观赏类的,俗称海棠的花木。在植物学上包括的种类很多,仅观赏品种而言,就有“贴梗海棠、垂丝海棠、西府海棠、木瓜海棠”她们都为木本,习称“海棠四品”。她们同科不同属。而人们常说的秋海棠,则是一种草本盆栽花卉,属于秋海棠科,不可与木本海棠混为一谈。至于吊钟海棠也叫倒挂金钟,则是介于木本和草本之间的亚灌木,属于柳叶菜科,更不能与木本海棠相提并论。

陆游曾作诗“虽艳无俗姿,太皇真富贵”,就是形容海棠艳美高雅。宋代刘子翠也赞美道:“幽姿淑态弄春晴,梅借风流柳借轻……几经夜雨香犹在,染尽胭脂画不成……”形容海棠似娴静的淑女,集梅、柳优点于一身而妩媚动人,雨后清香犹存,花艳姿妖,即使用画笔难以描绘。可惜海棠大都无香,宋代刘渊材曾一本正经地宣称“海棠无香”是他平生“五大憾事”中的“第四大憾事”。后来当他听说只有一种生长在四川昌州的海棠有独特幽香时,非常高兴,并称昌州为“佳郡”,后人又称昌州为“海棠香园”。近代女作家张爱玲也曾把“鲫鱼多刺、海棠无香、红楼未完”称为她一生的“三大恨事”。可见从刘渊材到张爱玲都对海棠关注备至。

海棠开花幽姿淑态、红艳绮霞,她那重葩叠萼、丝丝细长的花蒂和团团簇簇垂悬的花朵,在绿叶掩映下恰似俯首掩面、凝思含羞、脉脉含情的少女。她因“依依如有意,脉脉不得遇”的绰约美姿,被称为“花中神仙”。海棠虽不如梅花素净,但比她丰满;虽不如桃花娇艳,但比之淡雅,所以古代文人对她评价甚高。南宋诗人陆游更是爱海棠爱得入迷,认为就连扬州芍药也比不上她,所以说“若使海棠根可移,扬州芍药应羞死”。另外,古人还称海棠为“睡美人”。相传唐明皇登沉香亭,召见杨贵妃，碰巧杨妃酒醉未醒，高力士使侍儿扶持她而出，贵妃仍醉未醒，鬓乱残妆。唐明皇见状笑道“岂妃子醉，直海棠春睡耳！”这一妙喻致使众多文人墨客歌赋传颂，宋代苏东坡据此写了一首《海棠》诗：

海　棠

（宋）苏东坡

东风袅袅泛崇光，香雾空朦月转廊。
只恐夜深花睡去，故烧高烛照红妆。

此诗再次把海棠比作睡美人。在《红楼梦》中，曹雪芹常以各种名花来比喻他笔下众多聪慧的女子，海棠花就被赋予了史湘云，以来展现她的豪爽气概。大观园中的姑娘们也大都喜欢海棠花，其中如宝钗、黛玉、探春等都写过以海棠为题的诗。就连晴雯之死也是以海棠花枯萎凋谢的情景作烘托。曹雪芹借林黛玉之口在她的《咏白海棠》中这样赞美：

咏白海棠

（清）曹雪芹

半卷湘帘半掩门，碾冰为土玉为盆。
偷来梨蕊三分白，借得梅花一缕魂。
月窟仙人逢缟袂，秋闺怨女拭啼痕。
娇羞默默同谁诉，倦倚西风夜已昏。

自古以来海棠的幽姿淑态不知倾倒了多少人。唐代诗人齐己做诗《海棠花》：

海棠花

（唐）齐己

繁于桃李盛于梅，寒食旬前社后开。
半月暄和留艳态，两时风雨免伤摧。
人怜格异诗重赋，蝶恋香多夜更来。
犹得残红向春暮，牡丹相继发池台。

唐代诗人郑谷在他的《海棠》诗中描述了海棠最为美丽动人的一刻：

秾丽最宜新著雨，妖娆全在欲开时。

真的是把海棠观察得入木三分，描述得淋漓尽致，并根据自己的经验透露给人们观赏海棠的最佳时机。

宋代女词人李清照也酷爱海棠，在她最负盛名的《如梦令》就提到了海棠：

如梦令

（宋）李清照

昨夜雨疏风骤，浓睡不消残酒。

试问卷帘人，却道海棠依旧。

知否？知否？应是绿肥红瘦。

全词借海棠凋零飘落的情景表达自己惜花伤春的情感，作者卧听一夜风雨，猜测庭院中的海棠花定是被风刮落了，于是她询问侍女，对方为了安慰她，就回答说“海棠依旧”。作者立即纠正说“应是绿肥红瘦”，看似叙述帘外的海棠残红狼藉，实际是叹息抒发青春易逝、韶华不再的情绪。最近，由著名导演黄建中执导，反映现代复婚题材的电视剧《海棠依旧》，剧名就是由此而来，可见海棠也象征着女性及爱情。

无论文人墨客对她怎样赞美，这爱都远不及周恩来与邓颖超对海棠的眷眷钟情。位于北京中南海的西花厅，是周恩来夫妇的住处。庭院里种有许多海棠树，当年周恩来选中这里，定是被这海棠深深地吸引了。每当花开之时，日理万机的周恩来总要抽空和邓颖超一起，漫步欣赏那如霞似锦的鲜花。每当困倦的时候，周恩来也常来海棠树下散步，一看到这些海棠树，一切烦扰和疲劳也暂时忘却。1954 年春，西花厅的海棠花又开了。而这时，周恩来正在瑞士开日内瓦会议，不能亲临赏花。于是，邓颖超便剪下一枝海棠花做标本，压在书中托人带给周恩来。看到这蕴涵着祖国亲人深情厚谊的海棠花，周恩来十分感动，百忙之中，他压了一朵芍药花，托人带回中南海。回国时，又把那枝海棠带了回来。邓颖超随即用一张纸作衬，把海棠和芍药放在一个镜框里挂了起来。人们见了，还以为是一幅静物油画呢！直到今天，这两枝花还完好保存着，看到她，就会引起人们许多美好遐想。中南海西花厅的海棠树成为了周恩来总理和邓颖超爱情的见证。在周总理百年诞辰之际，人们又在他的家乡——江苏淮安周恩来纪念馆前种下了 100 株海棠，以示对他的怀念。

海棠适应性很广，南北都可种植，北京可以露地越冬，颐和园和故宫御花园都栽有。各地庭园虽然常见海棠栽培，但以四川为最盛，古来有“天下奇绝”之美誉，并以西府海棠闻名于世。所以唐代薛能有诗句：

四海应无蜀海棠，一时开处一城香。

宋代人沈立更是不惜笔墨，写下《海棠百韵》，大夸特夸四川的海棠，开首一句就是：

岷蜀地千里，海棠花独妍。

万株佳丽国，二月艳阳天。

四川还另有红叶海棠，秋季一到叶片转红，满枝垂挂着亮红而带有小白点的果实，果叶相映成趣，别具风采。这是四川常见的名贵观赏品种。有人统计，古诗词中四川海棠多于洛阳牡丹，能与扬州芍药齐名。

海棠种类繁多，枝繁叶茂，丰盈妖艳，果实玲珑，是装点园林、庭院的好树种。每到阳春三月，海棠花开。初开时有如胭脂点点，盛开时则渐成缬晕明霞，花落时又像素装淡粉。加以叶茂枝柔作映衬，确实娇妍动人。海棠的花朵较小，但繁花累累、重葩叠萼，一时间花团锦簇，一树千花，令人陶醉。每到这个时节，人们常常会在烂漫如霞的花海中流连忘返。

海棠的果实鲜嫩可口，尤其有一种叫“怀来海棠”，味甜多汁又爽口。若想在冬季品尝，根本不需进行特殊贮藏，只要冷冻起来，吃前用冷水化解一下就可以了，其味道鲜美如初。海棠可以加工成蜜饯、果丹皮、果酱、果酒等多种副产品；还可以入药，与别的药相配可以通气活血，去痰止咳。

有一个特别品种的海棠，由于她根系强大，抗寒性和抗盐碱性都强，而且耐贫瘠，因此，在北方寒冷的地方人们常用她来做嫁接苹果的砧木。她用宽阔的臂膀阻御了一切逆境，保护了苹果树。当吃到又大又红，香甜可口的苹果时，你是否知道，这其中海棠功不可没，可见她还是个默默无闻的奉献者呢！

千姿百态高脚杯

——郁金香鉴赏

郁金香是百合科草本花卉，因为她的地下部生长着圆锥形的鳞茎球，因此说她是球根花卉。她叶片 3～5 枚，高 30～40 厘米，花朵形似高脚杯竖立在植株的顶端。

有人说郁金香原产于地中海沿岸的土耳其、北非一带；另外，还有人说她原产于我国的新疆和西藏。据资料记载：土耳其是最早栽培郁金香的国家，在 15 世纪 40 年代就已栽培了数百个郁金香品种。她的原名 Tulipa，在土耳其语是“美丽的头巾”之意。早在 17 世纪奥斯曼帝国的御花园中，就曾有专门种植以供皇室贵族观赏。后经土耳其传入荷兰，经过园艺家的多年努力，许多花型美观、花色艳丽的优秀品种不断地被培育出来。当时的荷兰以至于整个欧洲掀起了“郁金香热”，并且流行“有钱人如果没有郁金香，就不算富有”的谚语。花商们为了推销产品，特意编了一个故事：古代有位美丽少女住在雄伟的城堡里，有三位勇士同时爱上了她，一个送她一顶皇冠，一个送把宝剑，一个送块金块。但她对谁都不予钟情，只好向花神祷告。花神深感爱情不能勉强，遂把皇冠变成鲜花，宝剑变成绿叶，金块变成球根，这样合起来便成一棵郁金香了。这故事经过传播更加深了人们对郁金香的钟爱，不少人以拥有新奇的品种而自豪。在花市上商人乘机漫天要价，甚至出现了用一头奶牛来换取一颗种球的现象。许多荷兰人因得到一株名贵的郁金香而一夜暴富。由法国作家大仲马创作的世界名著《黑郁金香》就是描写当时上流社会为争夺一株名贵的郁金香，尔虞我诈的故事。即使是在当今的荷兰，一个罕见的百合球茎的成交价也往往令人瞠目结舌，1987 年她的一个记录是 100 万荷兰盾！这相当于 1999 年的 69 万美金，价值整栋豪宅。可见至今荷兰人仍然可以为郁金香而疯狂。

现在，不仅荷兰人喜欢郁金香，整个欧洲人乃至北美人都为她那亭亭玉立的容姿而倾倒。她是诗人笔下的“绿杯中的美酒”。她那似百合，又宛如荷花的花朵端庄华丽地挺立在翠嫩碧叶的陪衬中，婉若含睇凝目的美人。她花色五彩迷离，花香熏人欲醉，有的笑脸迎人，有的垂首含羞，有的傲然挺立，有的蹁跹欲舞，有的含苞待放，千姿百态真是令人目不暇接。

荷兰、土耳其、匈牙利、伊朗等国家都尊她为国花，许多国家每年都举办"郁金香节"。届时，几百条被鲜花装饰的彩车在数十个乐手的簇拥下，载着娇艳动人的少女行进在大街上。当车上的"郁金香皇后"抛下鲜艳的郁金香时，成千上万的市民和游客争相接抢，他们要把抢到的花朵当作可"带来好运的吉祥物"加以珍藏。

郁金香是荷兰的国花，荷兰人对她情有独钟，生活中更是离不开她。在青年人的眼里郁金香则是爱情的象征。年轻人谈恋爱时，首先要恭恭敬敬地给心爱的人献上一束郁金香。在日常交往中，郁金香又是友谊的使者，他们走亲访友总忘不了带上一束馈赠亲朋。此外，家家户户门前门后都种植郁金香，人们像照顾自己的孩子一样精心培育着她们。由此，郁金香也当仁不让地成为了荷兰的象征。有一年，当荷兰足球队在欧洲杯的小组赛出线时，几家国外媒体都以郁金香比喻荷兰，报道它阶段性的胜利："郁金香盛开了"、"微笑的郁金香"、"郁金香微笑挺进决赛"……就连荷兰海军的军事演习和反恐演习的代号都叫做"黑郁金香"。

在荷兰，因为郁金香的种类多，产量高，带动了其他花卉的生产。现在荷兰已成为鲜花出口大国，出口花卉占世界市场的60%，赚取的外汇就在50亿美元以上。行销100多个国家和地区，出口的鲜花当天就可在东京或纽约上市。人们都说，郁金香是荷兰的"金库"，只要有她，就会"财源滚滚"。

荷兰的花卉种植主要分布在沿海和莱茵河下游，尤其是以海牙到阿姆斯特丹一带最为集中，全国约有1万公顷的土地种植各种鲜花，其中90%为郁金香。在郁金香盛开的季节，到处姹紫嫣红，美不胜收。在海牙附近的利瑟，有一个"郁金香公园"，种植有上千种郁金香，每年当花盛开的季节，都要举行大型花卉展览，吸引着国内外成千上万的游客。但是，荷兰人的精明显然不止于此。鲜花不仅为他们带来了财富，更创造了优美的环境和优雅的生活情趣，营造了一种人与自然的和谐氛围。荷兰人以拥有郁金香而感到自豪。走在荷兰的乡间田野，你会深切地感受到什么是"风景如画"。

在荷兰，郁金香和风车、奶酪、木屐共同被视为"四大宝"，它们也是荷兰的象征。全国各地的大小店铺都有以它们为形象特征的旅游纪念品。世界各国的游客总要将这"四大宝"带回国，以证明他们曾到过荷兰。

从20世纪30年代起，我国的南京、北京、上海、广州等地就进行过郁金香的引种驯化。1977年，荷兰女王贝亚特丽克丝访问中国时，曾将郁金香作为高雅的礼物赠送给我国人民，作为中荷两国人民友好的象征。这些花一直种在北京的中山公园内。从此以后，我国各地开始大量种植郁金香。

2004 年春天，法国新片《郁金香芳芳》，在“法国文化年”到来之即，在中国进行宣传，而在 20 世纪 50 年代此片的旧版曾在北京上演过，给我国人民留下了深刻印象。如今，郁金香也出现在我国的园林和家居中，这朵“洋花”也在中国安下了家。可见，郁金香就像一个美丽的使者，将“郁金香文化”慢慢地带入中国并传播到各地。

谈到郁金香在园林上的应用，人们用她来布置花坛。而用郁金香造型的花坛图案非常漂亮、明快，比用其他花卉组成的花坛清晰得多。尽管她的花期较短，仅半个月左右，但许多国家仍然愿意选用她做花坛材料，并通过不断更换新的花株来保持景观。除此之外，郁金香还可以在盆中栽，在水中养，用以装扮家庭居室。同时她还是插花中重要的材料。这个美丽的高脚杯将与其他花卉一起把整个世界装饰得更加绚丽多彩。

浑身是宝活化石

——银杏鉴赏

银杏是银杏科落叶乔木，又称白果树、公孙树。因为银杏生命周期非常长，开花、结果相应也很晚，有“爷爷下种孙收粮”之说，为此得名“公孙树”；另一说是由于树龄极长，所以以轩辕黄帝的复姓命名为“公孙树”。

银杏树干挺直，枝有长短枝之分。叶片形似扇形，有长柄，在短枝上簇生，叶先端常为二裂并呈波浪形。夏季为深绿色，秋季转为金黄色，观赏性极强。种子核果状，球形，成熟时黄色。银杏是“雌雄异株”，也就有“公树”与“母树”之分，雄株上的花枝呈穗状花序，而雌株的花则是长梗的。

江西省婺源古银杏树很多，最大的是段莘乡的两棵，一棵在西安村，是雄株，胸径近 3 米，高 34 米，树冠占地达 1 亩多；另一棵在庆源村，是雌树，胸径 2 米多，高 28 米，冠幅半径约 13 米。这 2 株银杏，树龄均在 1 200 年以上。传说西天御花园里的挑水力士和浇花仙姑有私情，被玉帝贬下人间，化为这两棵银杏，并被迫分居两地，太上老君命风婆播送花粉，成全他们繁衍后代。现在，庆源银杏年年果实累累。在该地区还有两棵银杏，也是一雌一雄，分立于汪槎村小溪两旁，村人称为“夫妻树”。你看它们，根系相连，枝梢相交，如胶似漆，千余年不分离。据报道四川宜宾蜀南竹海东景区境内，有一株千年雌银杏树，每年结白果数百公斤，特别是春夏季节，绿荫如盖，远近不少人都喜欢前来树下纳凉休闲。但自从 2001 年与之紧紧相连的雄银杏树枯死后，这株“很懂感情”的母银杏树就打不起精神了，到 2002 年仅结白果几百粒。而 2003 年立春以后更是萎靡不振。有人说，银杏也是通人情的，“丈夫”去世，令“妻子”痛不欲生，千年银杏也演绎起“痴心的爱情故事”来。

银杏为温带及亚热带树种，分布极其广泛，以长江中下游为中心产区，从东北的沈阳到华南广州以北均有栽培。江苏泰兴以盛产银杏而驰名，浙江天目山也有野生银杏分布，各地古寺、庙堂常可见到参天银杏古树。银杏的祖先，最早出现于石炭纪，到了中生代侏罗纪，与其他裸子植物组成了浩瀚的森林。当然，大部分的银杏类植物已濒临绝种。由于我国自然条件优越，以及数千年长期的栽培和引种才使这一古老的植物种奇迹般地留存了下来。银杏是十分珍贵的植物种之一，属于孑遗植物，故又被称为“活化石”，有“植物界的大熊猫”之称。世界著名生物学家森沃德曾说：“这可能是毫无疑问的，中国即使不是银杏目前的产地，也是最后的天然产地”。在中国历史博物馆里陈列着距今 50 万年前的“北京猿人”采食银杏的复原模型，这说明，银杏至少 50 万年前就在中国出现了。另外，在山东莒县有一株距今已 3 000 余年古银杏。据说，公元前 715 年鲁国国君和莒国莒子曾在此树下盟会，此树就成为了这段历史的见证。还有，山东郯城县新村乡古银杏树始植于北魏正光年间，至今也有 1 500 年寿龄，依然枝叶葱绿，荫蔽数亩，历经沧桑，生机盎然，堪称奇观，被当地人称颂为“老神树”。由此可见，银杏的“老寿星”之名的得来不虚呢。

银杏在中国人眼中是吉祥、长寿的象征。在贵州每个布依、苗、水、侗等少数民族村寨里经常可以看到参天古树，这些古树就是“保寨树”。它们多为银杏、枫香、柏树树种，树龄都在百年甚至千年，其中以银杏为最多。人们祈盼着“保寨树”能带来幸福安康，家庭和睦，风调雨顺，表现出广大人民群众对幸福生活的一种美好愿望，是人民的一种精神寄托。

银杏集果用、叶用、材用于一身，并具有观赏及环保价值，还有其他植物难以比拟的人文价值，所以说她是特有的多功能树种。

第一，银杏具有巨大的经济价值。

银杏浑身都是宝，因此有人称她为“摇钱树”。她的木材质地优良，素有“银香木”或“银木”之称，是最好的木材，价格自然也相当昂贵。她还是保健与美容品最好的原料，可制作银杏叶饮料、银杏果汁、银杏啤酒、银杏茶等；用银杏叶提取物配制的护肤、护发等美容美发产品就有 50 多种，美容效果显著。另外银杏叶片的提取物还有降血压、血脂之功效。目前，银杏叶的深加工产品在国际市场上利润非常大。银杏的种核属干果类，也叫“白果”。在国内诸多干果类商品中，白果的经济价值名列第三。我国银杏种子年产量 1 100 吨以上（出口每吨 6 000 美元），居世界第一。另外，“白果”还是上好的烹调材料，用她作料的烹调方法就有煮、炒、蒸、煨、炖、焖、烩、烧、熘等 10 余种，她与副食品、干货、主食相配，可制成 13 类 400 余道菜肴，无不体现银杏的独特风味和特有魅力。

第二，银杏具有极强的观赏价值。

银杏不但树体造型美，而且叶形叶色也都美。

先看其造型，银杏树冠造型典雅，被大文豪郭沫若先生称之为暑天里的“巍峨的云冠”、“清凉的华盖”；她树干端直，恰似伞柄，被宋代文豪苏东坡赞为“一树擎天”，是大自然赐予人类的“一把伞”。

再观其叶形，银杏叶片造型酷似扇子，有一种空间容量感，使人浮想联翩。“一片片树叶，好像是打开的折扇，清风徐来，银杏树叶频频摆动，宛如树老人在摇着千万把扇子”，因而银杏又称“千扇树”。

银杏的叶色则是她的又一大观赏点，陆游的诗“鸭脚叶黄乌桕丹，草烟小店风雨寒”写的就是银杏叶黄与乌桕叶红相掩映，构成一幅美丽的彩色风景画。春夏时节，银杏树叶苍葱翠绿，恰似一柄绿伞。金秋时节，又如一把花蝶伞。史岩在他的《故乡的银杏树》中写道：“撒下橙黄落叶，宛如铺开一片金色的地毯……翻跟斗，捉迷藏，仰天一躺，望着白云，神思遐想。”郭沫若诗中的银杏叶色就更神了，也写活了：“秋天到来，蝴蝶已经死了的时候，你的碧叶要翻成金黄，而且又会飞出满园蝴蝶”。“秋天来了”，“碧叶死了”，“蝴蝶飞了”，把秋叶写活了，构成一幅动态的风景画。可见，银杏的秋叶是最美的。

除了赞美银杏的形态，其高洁的品质也给人们留下深刻的印象。她树干高大通直，冠幅庞大，给人以通直高洁之美。如果没有这笔直粗壮的树干，就无法“一树擎天”，也难以成为庙前寨后的“守护神”，更难担负起“保寨树”的重任。正因为有了这一通直挺拔的树干，撑起华盖，才给人以朝气向上、生机勃勃、巍峨屹立、坚不可摧之感。

第三，银杏可以起到很好的生态作用。

(1)银杏可以净化空气，她具有抗污染、抗烟尘、抗尘埃等功能。可在工业区、住宅小区、城镇、人口密集地、休闲小区按一定比例种植，形成银杏林区和林带，这样能够提高空气质量。

(2)可调节气温，银杏树具有冬暖夏凉的特异功能。盛夏时节，用掌心触摸其树干，手感冰凉，若触摸其他树干(如柳树)，掌心觉热。据测定，盛夏时节，阳光直射，气温高达 40℃，银杏树下为 33℃左右，大气气温与银杏树荫下温差为 6～7℃，而垂柳温差仅为 2℃左右，银杏调温能力为柳树的 3 倍多。因此，营造银杏林区、林带，具有调节气温、改善气候的作用。

(3)银杏可以绿化环境，她不但抗病虫害，降低成本，减少污染，而且对叶螨、桃蚜、二化螟虫等还有杀虫作用。在农业区周围种植银杏，可以为作物杀害天敌，起到保护作用。银杏被公认为无公害的树种，是园林绿化最理想树种。在园林、住宅小区、行道两旁可大量栽植。

第四是银杏的人文价值。

银杏不仅是“摇钱树”，也是“文化树”，从她的经济价值、生态价值、生物学特性到观赏性都渗透着“银杏文化”的内涵。

银杏作为新生代第四纪冰河时期的孑遗植物，是中国特有珍稀名贵树种。在中华大地沃土上，千年不老，结果累累。她或屹立崖悬峭壁，或守护古刹名寺，或栽植在屋前宅后，与中华民族同呼吸，共命运。正如古诗所云：

大树龙盘会诸侯，烟云如盖笼浮丘。

形分瓣瓣莲花座，质比层层螺鬓头。

如果将银杏及与其有关的人和事写成一部中华史册，其人文价值将是无价之宝。请看一看银杏在整个历史发展进程中的地位和作用。

第一，她是东方圣者。在抗日烽火年代，郭沫若先生曾如此尊称她。相传，当1945年日寇踞常州，忽从当地古银杏树上掉下一白蛇，日本鬼子感觉到这是不祥之兆，仓皇逃去。因此人们认为她在强暴面前，永不低头；邪恶面前，是常胜将军；生命顽强，敢于斗争。而今，我国国富民强，屹立于世界东方，银杏恰似"东方圣者"维护着世界和平的神圣事业！

第二，她还是亘古证人。银杏历经地壳变动，火山爆发、气候骤变、冰川侵蚀，同时代的恐龙已变成化石，而她却能绝处逢生，屹立在中华大地上数千年，见证着大自然的变迁。而现存的一棵老银杏树也见证了"鲁公与莒子会盟"的史实。所以说银杏是地球大变迁以及中国五千年文明史的"亘古证人"。

第三，她具有无私奉献的精神。银杏把一切，包括叶片、木材、种子、花，甚至根都贡献给了人类，或食用，或药用，或食疗保健强身，或美容护发为人类带来美的享受，或净化环境，或美化世界，真可谓"粉身碎骨也心甘"。

第四，银杏还是爱情的象征。二裂银杏叶，在叶面上还布满二叉状叶脉，生着这种叶子的树木，她给我们一个秘密启示，耐人寻味。她是一个有生命的物体，在自己体内一分为二？还是两个生命合在一起，但常被我们看成了一体？这是两情相依，两个生命融合在一起的人类爱情的绝妙的写照。另外，还由于银杏是"雌雄异株"，经常是一对对的生长，大概也是她象征爱情的依据吧。以至于在有些地方的婚礼上，银杏树被看作"爱情树"，新郎新娘为了祈祷他们的爱情天长日久，还要特意种下一棵银杏树呢。

第五，银杏可以"多代同堂"，显示出"家庭和睦"的特征。中国传统家庭的凝聚力之强为世界独有，如尊老爱幼，世代同堂，银杏却能"五代同堂"，超过了人类的"四代同堂"。令人惊奇的是银杏大树并非立于平川沃土，而是根入万丈深渊悬崖峭壁上。在浙江西天目山自然保护区内开山老殿下方海拔 1 020 米处的悬崖峭壁石缝里"蹦"出一株古银杏树，其干基根部萌发不同年代枝干，形成老、壮、青、少、幼五级相互依偎，恰似一个尊老爱幼、牢不可破"五代同堂"的大家庭。

第六，银杏还可以制作成旅游纪念品，如标签或书签。将银杏叶脱水上蜡，制成银杏叶标签；将银杏叶脱水成片，可作为书签，既美观，又可防止虫子蛀书。她还可以制成鸣杏，用银杏种子外壳两面磨出两个小孔，挖出种仁即成“鸣杏”。她小巧玲珑，惹人喜爱，能发出优美动听和谐韵律的乐音。

银杏是集巨大的经济价值、观赏价值、生态环保价值及文化价值于一身的“宝树”，我们应爱护她，让她永远为人类服务。

2003 年，在江苏省邳州市举行隆重的集会并搞了个万人签名活动，郑重倡议将银杏树确定为“中华人民共和国国树”。国树是一个国家文化渊源的积淀，也是一个国家民族精神的象征，目前已有 120 多个国家确定了自己的国树。20 世纪 80 年代，我国曾组织过一次国树评选，银杏和松树平分秋色。在中国，银杏寓意深刻，蕴涵丰富。她历尽沧桑、威武不屈、无私奉献、蓬勃繁衍，正是中华民族不屈不挠、生生不息精神的写照；她树龄千载，能够“多代同堂”，果盈枝茂，这象征着中华民族团结和睦，活力永恒；树干刚毅，冠盖浓郁，叶形古雅，既显宝贵吉祥之尊，又有风华意气之魄；果叶如宝、食饮俱佳，更有医药保健之奇效，恰似中华儿女播撒爱心、无私奉献的品格再现。目前，中国的“国树”尚未确定，我相信无论银杏最终能否入选，人们都将对她有一个新的认识。

独木成林好气派

——榕树鉴赏

榕树是桑科、榕属常绿大乔木，一般树高8～10米，最高可达20～30米，胸径达2米。她主要分布于我国南方地区，如福建、广东、广西、四川、贵州、云南一带。

榕树最大的特点是气生根特别多，而且发达。气生根就是裸露在地面以上的根系。在一株榕树的树冠下，众多的气生根悬垂下来，有的因接触地面，而再次生根，形成一干，好似支柱。所以说，看榕树，主要就是观赏其气生根，尤其是几百年的古老榕树，能产生几百乃至几千条气生根，因此就形成"连根生长"、"独木成林"的壮观场面。这种"连根生长"是木本植物中较独特的现象。榕树尚未死亡腐烂前，通过其气生根繁衍出下一代的树体，继而由第二代上的气生根又繁衍出第三代……从而形成了"多代同堂"的"大家族"。这里既有"爷爷"，又有"儿子"和"孙子"、"重孙"。第二个特点就是由于其气生根所产生的"绞杀"现象。有一些气生根缠绕在其他树干上，将她裹得紧紧的，直至"绞杀"死。第三个特点就是在一些有塔的地方，例如云南，常常出现"树包塔，塔包树"的现象。这一奇观是怎么形成的呢？原来砖砌的塔身天长日久出现了裂缝，缝中渐渐积满了尘土，一粒榕树种子被风或鸟带到了塔缝中，受到雨水的浇灌，种子生根发芽，这就形成了"塔包树"；当榕树慢慢长大，而塔又被众多的气生根包起来，这样又形成"树包塔"的奇观。第四个特点就是树冠覆盖面广，密不透风、遮天蔽日，像个大伞盖。第五个特点就是老茎上结果。在她的老茎上能长出一串串果实，颇为奇特。

广东省江门市的新会县有一个绿色的小岛，岛上有一株500多年的连体巨榕。这株古榕树上的气生根如同飞流直下的瀑布，千条万缕。它们有的像从天而降的绳子，在空中悠荡；有的又如飞流直下的瀑布，一泻千里；有的较轻则像飘带随风飞舞；更多的是那些又粗又大的气生根，早已扎根于地面，形成了一根根支柱，与主干一起撑着这个巨大的伞盖。远远看上去，整个树干及树冠气势磅礴，颇为壮观。若站在树冠下面，就像进入了一个巨大的帐篷，又仿佛置身于树林中，整个树冠几乎遮住了天空，浓荫蔽日，覆盖了10 000多平方米的地面。另外，树上还栖息着十几种鸟，有上千只，每天清晨“林内”叽叽喳喳一片鸟鸣声。著名文学家田汉来到这里观后颇为感慨，于是赋诗道：

三百年来榕一章，浓荫十亩鸟千双。
共肩差许木棉树，立脚长依天马江。
新枝更比旧枝壮，白鹤能眠黑鹤床。
历难经灾全不犯，人间毕竟有天堂。

在诗中，田汉先生将这里比作天堂，文学家巴金也去了那里后，并写了《鸟的天堂》这篇著名文章，在他的文章里，再次将这里比作天堂。在巴金的笔下，不但榕树美丽壮观，“……从远处看，就像一株大树卧在水面上……”而且那里更成为“鸟的天堂”。

“文因景成，景借文传”，许多人就是读了田汉的这首诗或巴金的文章后才慕名来这里观看这棵巨大的榕树以及栖息在榕树上的各种鸟类。从此，这个岛也有了“小鸟天堂”的美誉。那里的人们为有这株大榕树而感到骄傲和自豪，甚至于在2004年争夺全国“魅力城市”的竞选中，江门市的竞选词中这样自豪地说：“……我们这里有巴金笔下小鸟的天堂……”。

据说，在孟加拉国的杰所尔地区，有一棵900多岁的古榕，有600多个气生根，树高40多米，树冠巨大，投影面积达2.8万平方米，据说曾有过六七千人的军队在这棵大树下休息乘凉。而在云南的西双版纳更有一株千年古榕树，长得和大象相似，傣族人民为她取名“大象树”。

许多公园的大门前都用一棵巨大榕树来装点，大概这样显得壮观、气派，同时还具有神秘感，来吊游人的胃口。就连北方不能栽植榕树的地方，也经常可以看见人造的巨大榕树。

许多历史名人、伟人也与榕树有着不解的情缘。

据说，武则天称帝前，一次去南方出游，途中遇到倾盆大雨。当她看见有一株巨大榕树时，便进去躲雨。令她奇怪的是榕树外是大雨瓢泼，而树荫内则滴雨不漏。武则天仔细端看，发现这个榕树的主干被条条根包裹，形成了以众根代主干，而且也找不到主干的奇观。她突然领悟到一个道理，有朝一日自己也可能以根代干，反客为主。于是，她手中持香，伏跪拜榕，并念叨着：榕师佑我，避灾避难。后来，武则天称帝后令天下庙寺庵堂都必须栽植榕树，并尊榕树为师。

另外，据传说，在元代末，元兵追捕朱元璋，而他仅带领数人逃跑。就在他即将被追上时，途中见到一株大榕树，就像一片密不透风的树林，朱元璋急中生智，与部下爬上榕树，隐藏起来。元兵追到树下，不知朱元璋是否在树上，便对榕树放箭，虽箭似雨点，却不见动静，于是，便继续追赶下去，朱元璋他们也保住了命。朱元璋称帝后，为感谢这株榕树的救命之恩，专门封这株榕树为"榕王"，并将树荫下十几亩处筑成围墙，称为"榕厦"。在"榕厦"边上建庙养僧，寺庙被封为"榕王寺"。从此以后，植榕、崇榕之风一时风靡全国。

1932 年 4 月毛泽东在江西率中国工农红军攻打漳州，在天宝大山一带与国民党张贞一个师的兵力对峙。张贞凭山布防，又有飞机轰炸。有人请示毛泽东指挥部设在哪儿，他笑着指着路边的一棵参天大榕树说"风景这边独好"，并且还吟诵了宋代诗人罗畸的诗句：翠榕空裹起龙蛇。后来指挥部就选在那棵榕树下，毛泽东坐镇榕下指挥。榕树有几十个榕洞，洞穴又互相连同，再加上巨大的树冠遮天蔽日，易守能攻，是非常好的阵地和指挥场所。真是天助红军，很快敌人被击溃，红军攻克了漳州。张贞率残余人马逃到了诏安。后来，红军撤退到江西后，张贞找到红军在榕树下的指挥所旧址，一怒之下放火把它烧得精光，但野火烧不尽，春风吹又生，现在，那棵大榕树依然活着，枝繁叶茂。她见证着 1932 年红军战胜敌人的那段辉煌历史。

盆栽的榕树种类很多，有镶着金边、银边的花叶榕；还有叶子近圆形好似钱币的金钱榕；有能结出美味香甜的木瓜的木瓜榕；还有形若毛笔的笔管榕；另外就是琴叶榕，其叶子更是奇特，形似大提琴；而薜荔则是一种具有攀缘性的榕树，她可以用来覆盖墙面、门廊、假山等物体，进行立体绿化。人们还经常将榕树的树干编成篱笆状或笼子状，有的树还经过修剪或嫁接分出了层次，造型成云片形、糖葫芦形，多面锥形等形状，以提高她的观赏性。在北方地区，人们只能在室内观赏其雄姿。当将一盆榕树摆放在大厅时，不但可以装饰环境，还能带来异样的南国风情。除了盆栽以外，人们还用榕树的树桩做盆景，如气生榕、人参榕等。一株老的榕树树桩咫尺方寸之中可以露出她壮观的根系，有的盘根错节，如蟠龙踞虎；有的形若飞流直下的瀑布；有的还能"独木成林"表现出浩瀚森林的场面。榕树最能展现她那古朴苍劲的雄姿。

我国福建省的福州市因栽种榕树多而有"榕城"之称。广州市的街道也有许多榕树，而且，园林工人将她们修剪成圆柱形、半圆形、锥形、圆锥形、糖葫芦形等各种造型，千姿百态，为这座美丽的城市更增添了几分色彩。

因为榕树的气生根外露，显得古老沧桑，所以，她还是健康长寿的象征。在维也纳召开的联合国老龄问题世界大会上，会徽就是一株干粗叶茂的大榕树。另外，许多退休老干部自己组织的文学社也以“榕树诗社”、“榕树画社”等来命名。可见，榕树的古老沧桑的外形，代表了老年人晚年的精神风貌，而那一代又一代的气生根，则显示了老年人老当益壮、后继有人的美好前景。

榕树以她那“独木成林”的气势正在为南国风光增添更多的风采。

和平之树万年青

——橄榄树鉴赏

橄榄又叫油橄榄、齐墩果，原产于地中海，现在在欧洲、美国南部、中国的湖北、四川、云南、贵州和陕西等地栽培较多。她是木犀科常绿灌木或小乔木，叶子的正面是绿色的，而叶背面则长满银白色皮屑状鳞片，因此具有绿和银白两种颜色的“双色叶”的特点，橄榄的花具有芳香。她可以丛植于草丛、墙隅，也可以在庭院里栽培。

上千年来橄榄树一直被地中海沿岸国家视为圣树，象征着长寿、富裕和成熟，人们称其为神赐的礼物，尤其是在现代欧洲文明的发源地——希腊雅典。

希腊神话中说，海王波塞登与智慧女神雅典娜争夺此城市的控制权，雅典娜用她的长矛击打卫城山的岩石，一棵橄榄树由那里生长出来，宙斯便将此地赐予了雅典娜。城中居民为纪念这位女神，就用她的名字命名了城邦，即是今日的希腊首都雅典市。他们还以佩饰橄榄枝的雅典娜头像为图案制作硬币，来表达民族感情。

古希腊各城邦君主的节杖是用橄榄木做成的，橄榄油则用于为统治者和神职人员涂身。在古代奥运会上，获胜者的奖品是一枚橄榄枝。在希腊举行的2004年奥运会的会标也是一枚橄榄枝。获得奖牌者头上被戴上了用橄榄枝编成的“桂冠”。橄榄树又是希腊的国树，古希腊律法曾规定：有伐橄榄树者处死刑。甚至，古罗马人曾认定凡“不知道什么是铁、房子、宝石和橄榄油”的人为野蛮人。现在希腊政府规定：每对结婚者，必须栽植5棵橄榄树；而离婚者则要栽70棵橄榄树才行。

现在，全世界都公认橄榄枝为和平的象征。要追述由来，就要先谈谈和平鸽。在遥远的年代，鸽子曾被看成是爱情的使者。比如在古巴比伦，鸽子乃是法力无边的爱与育之女神伊斯塔身边的神鸟，在生活中则把少女称为是“爱情之鸽”。直到纪元初，鸽子才被当作和平的象征。《旧约·创世纪》记载，上古洪水之后，诺亚从方舟上放出一只鸽子，让它去探明洪水是否退尽，上帝让鸽子衔回橄榄枝，表示洪水已退，人间还存在希望。16 世纪的宗教改革运动，赋予了鸽子新的使命，使它成为“圣灵”的化身。直到 17 世纪，德意志帝国的许多城市发行了一套以一只口衔橄榄枝的鸽子为图案、底部镌有“圣鸽保佑和平”的纪念币。

而真正让鸽子成为世界和平的象征，为人所熟知，当始于毕加索。1940 年，德国法西斯攻占了法国首都巴黎。心情沉闷的毕加索待在他的画室里，这时有人敲门，来者是邻居米什老人，手捧一只鲜血淋漓的鸽子，向毕加索讲述了一个悲惨的故事。原来老人的孙子养了一群鸽子，平时经常用竹竿拴上白布条作信号来招引鸽子。当他得知父亲在保卫巴黎的战斗中牺牲时，幼小的心灵里燃起了仇恨的怒火。他认为白布条表示向敌人投降，于是改用红布条来招引鸽子。显眼的红布条被德寇发现了，惨无人道的法西斯匪徒不但把他扔到了楼下，惨死在街头，还用刺刀把鸽笼里的鸽子全部挑死。老人讲到这里，对毕加索说到：“先生，我请求您给我画一只鸽子，好纪念我那惨遭法西斯杀害的孙子”。随后，毕加索怀着悲愤的心情，挥笔画出了一只飞翔的鸽子，算是雏形。1950 年 11 月，为纪念在华沙召开的世界和平大会，毕加索又欣然画下一只衔着橄榄枝的飞鸽。当时智利的著名诗人聂鲁达给它起名为“和平鸽”。由此，鸽子和橄榄枝正式作为世人公认的和平象征。

联合国的会徽图案就是两枝橄榄枝托起的地球，表示其基本宗旨就是要维护世界和平。许多联合国下属的机构、组织的会徽也带有橄榄枝图案。如国际原子能机构的会徽，就是由两个橄榄枝托起的原子核。美国的国徽是一只白头鹰左爪抓着 13 只箭，右爪握一簇橄榄枝的图案。此外，希腊、以色列、意大利等国的国徽也带有橄榄枝的造型。许多国家的首脑、国际知名政要，无论他们是否真的热爱和平，都竞相栽种橄榄树，以表明自己是热爱和平的。

巴勒斯坦民族权力机构主席阿拉法特曾有一句著名的话，他说“我作为一个自由战士，左手拿着枪，右手拿着橄榄枝，请不要让橄榄枝从我手中落下”。两者本来代表着矛盾的对立面，而阿拉法特就是要用“枪”来保卫“橄榄枝”，寓意以不放弃武力为基础，祈愿世界永远和平。

其实，早在近 3 000 年前，人们就习惯把橄榄枝当作和平的象征。公元前 9 世纪至公元前 8 世纪，古希腊 200 多个城邦各自为政，多年征战不息，人民厌倦了战争，渴望有一个休养生息的和平环境。伊利斯、比萨和斯巴达的国王伊菲掩斯、克列奥斯特尼斯、利库哥斯为顺应民意，共同签署了《神圣休战条约》。按照这个条约，在奥林匹亚举行竞技赛期间，正在交战的双方必须停火。为通知所有人“奥运会即将进行，战火必须停止”的消息，古希腊各个城邦都在城门高悬用橄榄枝装饰的告示。橄榄枝也由此与奥运会结下了不解之缘。

现在，橄榄枝早已成为和平友好的代名词。当新闻媒体发现曾经敌对的两个国家之一向对方做出友好姿态时，总是这样说：某某国向某某国伸出橄榄枝，来形容他们出现的缓和迹象，如巴基斯坦与印度、巴勒斯坦与以色列等。

中国人民也对橄榄树情真意厚。由著名作家三毛作词的《橄榄树》，已成为华语歌坛的常青树，曾被不同歌手深情演绎，“不要问我从哪里来，我的故乡在远方，为什么流浪，流浪远方，流浪。为了天边漂浮的白云，为了天空飞翔的小鸟，还有，还有，还有那梦中的橄榄树……我的家在远方”。

由橄榄生产的橄榄油被誉为“液体黄金”、“健康之友”、“餐桌上的皇后”、“美女之油”，它既可以食用，又可以作为工业用油，是木本油料作物。橄榄油还是养颜护肤、保健长寿的良品。古希腊人就懂得用橄榄油进行美容护肤，在西欧古画、埃及金字塔的壁画以及各种文字描述中，到处都有美女与橄榄树、橄榄叶呼应的场面。橄榄油通常都是贵族的高级奢侈品，他们将其用于日常生活的各个方面。橄榄油不含胆固醇，富含油酸等不饱和脂肪酸和抗氧化多酚类物质，含有多种脂溶性维生素以及人体必需的各种微量元素，单元不饱和脂肪是“好”脂肪，可以帮助低密度脂蛋白胆固醇，维持高密度脂蛋白胆固醇，而且它易于被人体吸收，不易氧化沉积在人体血管壁、心脏冠状动脉等部位，因而可有效防止心血管病、癌症、糖尿病的发生，对身体健康十分有益。从希腊人平时的饮食习惯就看得出来，餐前的菜必定是由橄榄油混合而成的沙拉，紧接着就是由橄榄油烹煮的地道的料理。在欧美等国，人们甚至把橄榄油作为一种健康时尚品，以食用和使用橄榄油为荣，认为是高档次生活的标准之一。在日本，许多人把橄榄油作为家庭必备品。另外，橄榄油也是健美运动员涂抹身体的专用油，用它涂抹，身体油亮，肌肉可以最好地显现出来。我国现在所用的橄榄油主要是从西班牙和希腊进口的。然而，橄榄油非常昂贵，在超市上，不足500克的一小瓶就卖到90元人民币。

橄榄的果实可以制作蜜饯、果脯，现在人们则把北京果脯为代表的北方蜜饯称为“北蜜”，而把以福建橄榄，广东话梅为代表的南方蜜饯称为“南蜜”。如乌榄、青果、青榄都是橄榄制作的蜜饯。橄榄还能榨制果汁，她的加工产品味道鲜美，香甜可口，深受人们的欢迎。

盛行欧美的橄榄球赛所用的球，就是按照橄榄果实的形状制成的，因而得此名。球员可以脚踢、手传，也可抱球奔跑，比赛时往往十几个人为抢夺这个球叠摞成一摞。此项运动对抗性非常强，美式赛时，运动员全身佩戴护具；英澳式赛时，仅戴头盔。除了正式的运动员外，还有众多的“拉拉队”为自己喜爱的球队摇旗呐喊，如痴如狂。

橄榄的果实开始时是青绿色的，人们习惯上也把这种颜色称为“橄榄色”或“橄榄绿”。由于在野外橄榄绿可以起到伪装的作用，所以各国军队大都以它作为服装的颜色，人们常以“橄榄绿”作为军人或国防的代名词。在军营里有一首《我爱橄榄绿》红遍整个军营，歌中唱到：“穿上橄榄绿，戴上橄榄绿，祖国把我搂在怀抱里；迷上橄榄绿，爱上橄榄绿，我就把祖国装在心窝里。”道出了一名祖国卫士对大好河山，对平民百姓的无限眷恋，对祖国前途，对民族命运的深切关注。在自然界还有一种可以用来生产铂、钛、锇、铬及镍的母岩，因呈现深绿色，而被称为橄榄石。

橄榄树喜欢生长在温暖干燥的环境里，不能忍受低温。花期和果期的大风和暴雨，会对橄榄树造成损害，直接影响当年的产量。尽管中国从1964年开始引入橄榄树，但由于地理、天气等条件限制，也仅在四川、甘肃、海南等省的个别地区有种植。最适合橄榄树成长的地方，还是温暖的地中海地区。

橄榄树不但可以绿化、美化、香化环境，给人类带来巨大的生态效益；还可以提供橄榄油、橄榄果，又是重要的经济树种，也就是说，她也为人类带来了经济效益。更重要的是，她是和平的使者，受到了世界人民的喜爱，又给人类带来了巨大的社会效益。

橄榄树用她的丰硕的果实和金黄色的油脂使人类财源滚滚，更以她巨大、挺拔的身躯承载着人类对和平的希望。我们愿橄榄树常青万代，愿全世界永远和平。

如今铁树常开花

——苏铁鉴赏

苏铁其实就是人们常说的铁树，属苏铁科常绿乔木，高 5～8 米，长有羽状复叶，整个复叶长 0.5～2.4 米，小叶一般呈针刺状；另有一种则是长卵圆形状的阔叶。她的种子裸露在外，可以看见，所以属于裸子植物。苏铁是雌雄异株，雌花球是由许多羽状叶片组成，而雄花球是由许多鳞片状叶组成，好像是纺锤形果实。其实，这并不是她们真正的花和果，仅仅是着生在树干顶端的花球，有人说她“似花非花，似果非果”。每当开花时，花球上的金褐色羽片“含苞欲放”，活似一个美丽的鸟巢，里面露出数十粒硕大圆润的橙红色种子，光彩夺目，好比一窝金灿灿的蛋，人们就称她的种子为“凤凰蛋”，这自然也是苏铁的一个观赏点。再加上，铁树周身披盖着一片片羽状翠绿大叶子，好似凤凰的尾巴，树身又像芭蕉、松树的树干，她有因此得名凤尾蕉、凤尾松。

苏铁是一类特古老的植物，在距今 3 亿多年的中生代已形成一个庞大的家族，足迹曾遍及全球，因而有人把中生代称为“苏铁植物时代”。后来，由于被子植物的兴起，苏铁退出了历史舞台，仅有少数种类残存下来，因而她被称为“活化石”和植物界的“大熊猫”。目前，苏铁主要分布在美洲、大洋洲和欧洲东部，成为了著名的孑遗植物。

我国的苏铁主要分布于福建、云南、广东、台湾及四川南部地区。在四川渡口市的崇山峻岭里，就发现了大面积的苏铁林。她们的树形千差万别，形态各异。有的老态龙钟，有的英姿勃勃，有的铮铮铁骨，有的姿态娇美。树干也不止“铁柱”一根，有分叉的，有卷曲的，也有匍匐在石穴里，像出洞的蟒蛇。她的羽状叶有的如孔雀开屏，有的像凤凰展翅，还有的若华盖凌空。

苏铁寿命在 200 年左右，通常 60 年左右才开一次花，人们也夸张地讲“千年的铁树才开花”，以比喻一件事很难办成。几十年前，一些聋哑人经过解放军医院用针灸治疗后能开口说话，都兴奋不已并做诗道：“千年的铁树开了花，万年的枯藤发了芽，如今咱聋哑人能说话，全靠毛主席他老人家。”用铁树开花做比喻，一来说明铁树开花不容易，二来说明聋哑人重新讲话非常难。其实，铁树在南方温暖地区10～20年就可以开一次花；而在较寒冷地区，则生长较慢，开花一次需要40～60年。所以说铁树开花也不成为什么稀罕的事。再说铁树除了用种子以外，还可以通过她的吸芽或分茎扦插来繁殖，因此，她开不开花对她繁殖后代也并不重要。

自古以来人们就把铁树开花看作吉祥如意和自由幸福的象征。有的地区崇拜苏铁，认为苏铁能避邪驱鬼，保佑人们平安、健康。古书《花镜》中记载：当铁树开花结果时，常被“移置堂上，制酒欢饮，做诗称贺”。

宋代文豪苏东坡与苏铁还有一段故事。苏东坡不但才华横溢，而且为人正直，做官清正廉明。为此，得罪了朝中奸臣，他们向皇上进谗言，说他写的诗是影射皇上，有谋逆之嫌。因此，朝廷将63岁的他革去官职，发配到海南岛。那些奸臣们还幸灾乐祸地说：“要想从海南回来，除非铁树开花！”海南虽然地处偏僻、人烟稀少，生活条件十分艰苦，但老百姓很尊敬苏东坡。有位老者送给他一棵铁树，并讲述了一个动人的传说：有只金凤凰被一个官家逮住，关在笼子里，喂它最好的东西吃，想方设法让它展开美丽的翅膀，跳舞唱歌。可是，金凤凰坚决不从。那官家恼羞成怒，燃起一堆大火，要烧死它，金凤凰从容赴难。大火熄灭后，在灰烬中长出一棵小树。人们赞叹金凤凰的铮铮铁骨和不屈淫威的大无畏精神，就称这株树为铁树。苏东坡听后动容，馈赠的铁树栽到院子里，经过精心管理，这株铁树竟奇迹般地开花了。而不久，也传来了皇帝赦免他的旨令。于是，苏东坡将那株铁树从海南带回到中原，从此以后，她也在中原地区繁衍开了。因为树种是苏东坡带回的，人们也称她为“苏铁”。

苏铁树形古朴、刚毅矫健，茎为圆柱形，叶锐如针，质地坚挺，丛生在田野中，四季常青。她的树冠呈倒伞型或棕榈状，给人以博大高贵的气派，甚为美观，是贵重观赏树种。铁树配置在花坛中心、廊亭之间、建筑物门前或布置大型会场，给人庄严肃穆并带有热带、亚热带风情的美好感受。在江南各地或西南地区的园林中，苏铁常作为大型花坛的中心植物，或在大型建筑物门两侧对栽，也可以在草地中丛植。而在北方较寒冷的地区，一般以盆栽苏铁，室内摆放这么一盆，就能感受到南国风情。

盆内栽培的苏铁可以按单头培育，也可以培育成多头形，还可以通过绑扎，将其大型羽状复叶进行造型，这样就能显示出不同的观赏效果。除了盆栽观赏之外，苏铁的叶子还是插花时的上好配叶。一般都是将其修剪成各种造型后再插，常常收到意想不到的效果。也可以表现为开屏的孔雀、展翅的凤凰、远航的风帆、参天的大树、吊桥的塔架……总之，苏铁叶子在插花艺术上的地位是举足轻重的。

苏铁的茎中可以提取淀粉，制成颗粒状，这就是美味可口的“西米”，人们也称它“神仙米”，色泽通明，入口香醇，南方人尤其喜欢它。

苏铁类植物，不论是化石种类，还是现在生活的种类，在学术上均具有较高的价值。她是研究植物系统演化、古植被、古地理、古气候、古生态的关键植物类群。又由于她的树形独特，常用作庭园观赏植物，具有较高的经济价值。另据报道：苏铁的珊瑚根内生长有具固氮作用的蓝藻，如在旱生作物中转入这种固氮基因，无疑会提高旱地作物产量。苏铁种子和茎叶中含有苏铁苷等具毒理作用的物质，也是一种天然植物药源。

虽然苏铁植物拥有较高的观赏价值和经济价值，但令人担忧的是，原本十分稀少的野生苏铁植物种群正受到日益严重的人为干扰和破坏，加速了这类珍稀植物绝灭的进程。因此，野生苏铁类植物成了世界以及中国重点保护的濒危植物对象，禁止进出口，被誉为“植物界的大熊猫”。世界保护联盟还专门成立了苏铁专家组，在专家组的倡导下，每 3 年要举行一次国际苏铁生物学会议。值得欣慰的是，1996 年第四届国际苏铁生物学会议由我国主办，会址设在四川省攀枝花市。这里有亚洲最大和分布最北的野生苏铁林和丰富的苏铁种质资源。

目前我国已建有多处以苏铁为主要保护对象的自然保护区，有云南禄劝县普渡河自然保护区，占地面积 11 公顷，四川攀枝花市攀枝花苏铁自然保护区的面积则达到 651 公顷，台湾也建有大小不同的 3 个苏铁自然保留区。据了解，攀枝花市和深圳市都要投资兴建大型苏铁园。

愿苏铁为中国人民乃至全人类做出更大的贡献！

“英雄”屹立在南国

——木棉鉴赏

木棉是木棉科木棉属高大乔木，树高 9～13 米，最高可达 25 米。因为她属于木本植物，其果实内又充满洁白的丝绵，故称为木棉；还因为她的花色火红，所以，在南方还大都叫她红棉。此外，还有如英雄树、攀枝花、烽火树等名字。主要分布于两广地区、贵州、云南、台湾和海南等地。

木棉早春 2、3 月份开花，花直径 10 厘米左右，花色红色或橙红色，形如杯状。她树干高大、挺拔，由于她是先花后叶，所以，开花时千树齐列，宛如亿万盏华灯齐放光芒，又好似天边的火烧云，红似霞光烧红一大片，气势雄伟壮观。适宜栽植于庭院、墙角、行道，为南方理想的遮荫树木及园林绿化、美化树木。

广州人喜欢木棉树和木棉花，古时候在广州越秀山麓的学海堂一带栽有许多木棉树，所以，《学海堂志》中曾这样写道：“花开则远近来视，花落则老稚拾取，以其可用也。”直到现在，每逢木棉花开时节，还常常可以在过去越秀山麓的学海堂一带，也就是现在的文明路省博物馆围墙外的木棉树下，看到不少老人和小孩，他们抬头仰望，每有一花坠落，纷纷上前争拾，然后用草绳穿成串，如获至宝，好像她能够给人们带来好运。

木棉树属于速生、喜强阳光的树种。她的树冠总是高出附近周围的树群，好似鹤立鸡群，以争取阳光雨露。木棉这种奋发向上的精神及鲜艳似火的大红花，被人誉之为英雄树、英雄花。最早称木棉为“英雄”的是清人陈恭尹，他在《木棉花歌》中形容木棉花“浓须大面好英雄，壮气高冠何落落”。1959 年，当时，广州市的市长朱光曾撰《望江南·广州好》50 首，其中有“广州好，人道木棉雄。落叶开花飞火凤，参天擎日舞丹龙。三月正春风”之句。

另外还有一种称她为英雄树的传说。从前，在五指山有个英雄叫吉贝，他多次率领黎族人民抵御外来侵略。后因叛徒出卖，被敌人围困在大山上，他浴血奋战，终因寡不敌众，身中数箭，英勇牺牲在山巅。后来，他的身躯化做一株木棉树的树干，而满身的箭翎变成了树枝。人们为了纪念他，称木棉树为英雄树，把木棉花叫做“英雄花”。黎族人民为了表示对英雄的崇敬和怀念，每逢青年男女结婚之日，都要精心种植一株木棉树。

岭南地区的人民都喜欢木棉树，并且对木棉花有着特殊的情感。因为这里的人们认为木棉一直造福岭南。以至这一带的街道及宾馆都喜欢以“红棉”来命名。2003 年，广东排演的大型舞剧《风雨红棉》获得了戏剧大奖。舞剧表现了革命烈士陈铁军和周文雍投身革命，产生了爱情，不幸被捕入狱，但始终坚贞不屈，直至在刑场上举行婚礼的壮烈过程。剧中，他们的爱情是以红棉花来作烘托的，而他们在刑场上英勇就义时，背景又一次呈现出朵朵火红的红棉花，从舞台的顶棚上飘飘洒洒漫天飞舞，此刻，全剧推向高潮。无独有偶，广东的另一场话剧《红棉花儿开》，是描写现代的筑路工人，为了现代化建设，忘我地工作，不怕流血、流汗，以至于献出自己生命的事迹。剧中也将那些筑路英雄们比作盛开的“红棉花”。在广西，老百姓将参加过百色起义的壮族革命烈士韦拔群也比做盛开在红河两岸的“红棉花”……可见，岭南一带人民始终把木棉树当作英雄的化身。

清末爱国台湾籍诗人丘逢甲在甲午战争日寇侵占台湾时，挺身而出，组织全岛民众奋起抵抗，是位民族英雄。他写了许多诗，《东山木棉花盛开坐对成咏》就是赞美木棉花的。

东山木棉花盛开坐对成咏

（清）丘逢甲

亭亭十丈蔼春烟，冠岭真同大树燃。
闰位群芳惭紫色，交柯余淡烛丹渊。
天扶赤运花应帝，人卧朱霞梦亦仙。
绝世英雄儿女气，不嫌绮绪更缠绵。

该诗首联是描写木棉花开时火红热烈的壮观场面，她树高十丈开外，亭亭玉立，花开时节如同大火将山岭点燃。颔联进一步描写了木棉花的英雄气质。“闰位”旧时指非正统的地位。这里比喻木棉花虽未经评选，也可居百花之首。“群芳”指众花卉与她火红的发紫的色彩相比，都会感到惭愧。“丹渊”是指神话传说中大地的另一面，人所不能到达的地方。木棉花的光辉可以照到世界上每一个地方，就连“丹渊”也只需“交柯余淡”就可照得通亮。颈联中的“天扶赤运花应帝”是假设上天若能扶持红棉花的话，那么，她理所应当是要居“花中之帝”的位子。“人卧朱霞梦亦仙”是指当作者亲临这红似霞光的红棉花中时，竟达到了忘我的境界，似乎觉得自己的灵魂超脱了身躯，升腾到她的霞光之中。在尾联中，作者自嘲说：“绝世英雄儿女气，不嫌绮绪更缠绵。”看来，即使是“绝世英雄”也难免有些“儿女气”，他们也不会“嫌”自己有爱花的美好心情，有时更会缠绵其间，陶醉忘情。

岭南及海南一带的人们都喜欢木棉树，当地许多的歌曲是唱木棉花的。如流行在广西一带的民歌唱道：“红棉花儿开，红万里，红水河畔歌声起，歌声起，千歌万曲歌唱毛主席，唱唱我们壮族人民的一片心意。”歌中唱出了木棉树开花时的壮观场面。

现在，木棉树自然是广州市的市花，这已经是她第二次蝉联“市花”了。早在1931年（也有人说是1935年），木棉花就曾被定为广州市花。1982年6月，广州市人民政府再次将她定为市花，这更加深了广州市民对她的感情。最近，广东电视台新建的电视塔就是一株红棉树的造型，提名为“红棉花开”，中国南方航空公司的标志也是一朵盛开的木棉花。近年来，广州市区的电话亭也是一株盛开的木棉花造型。

木棉树除了用于园林以外，其果实里张满的棉毛经过加工后，可以作为被褥、坐垫等物品的填充材料，它们既保暖又耐压。另外，木棉的棉绒纤维浮力非常大，浸水后也不会失去浮力，晒干后易恢复原状，据测定每千克木棉在水中可以浮起一个成人的重量，因此，它也是航海救生品的重要材料。

木棉的花、根、皮、叶均可以入药，具有清热解毒、止血止痢的功效，还可以治疗外伤，所以说，她还具有一定的药用价值。

木棉的种子含油高达30％，既可以食用，也可以制作肥皂及作为机械润滑油。其木材非常轻软，易加工，是制作火柴、包装箱板材、造纸的上好原料。

木棉以她花红似火的色彩，耸立云天的雄姿，浑身是宝的经济价值赢得了岭南及海南人民的爱戴。愿她给人民带来更多的实惠和幸福！

五月榴花照眼明

——石榴鉴赏

石榴是石榴科、石榴属落叶灌木或小乔木，株高2～5米，最高的可达10米。别名安石榴、海石榴、丹若，干从根基部分枝为多干形。她分为花石榴和果石榴两大类。5～8月份开花，花色大都为红色，也有黄色、白色、玛瑙色及红白相间等色。果实9～10月份成熟，为球形，红黄色，果内有子粒数十粒，晶莹透亮，多汁可食。

“何年安石国，万里贡榴花，迢递河源道，因依汉使槎”。唐代诗人元稹的诗句叙述了石榴传入我国的历史。石榴原产于伊朗的扎格罗斯山及阿富汗等中亚地带，即古代的安息国。汉代张骞出使西域，引回了石榴，她首先传入我国的新疆，继而又传入陕西，再从陕西传布全国各地。史书上也有记载，“有汉张骞出使西域，得涂林安石榴种以归，名为安石榴”。石榴传入我国的初期，成为奇树珍果。首先在京城长安御花园骊山温泉宫即现在的陕西临潼华清池种植。到唐代，由于武则天极为推崇，出现了榴花遍城郭的盛况。大约在唐天宝年间，石榴辗转传入云南。于是新疆的叶城、和田、皮山现在也都成为“石榴之乡”，而云南的蒙自县也是著名的石榴产地。另外，在山东省的枣庄市有个10万亩石榴园，安徽省凤阳县也有石榴园……石榴的果实堪称奇美，在浅黄色隔膜分开的内部，有许多排列整齐、倒卵形的种子。红的如玛瑙，光彩夺目；白的似水晶，晶莹透亮；若取几粒放口中品尝，则美味多汁，清甜可口。

石榴的习性是先开花，后展叶。每到夏季的农历五月，当绿叶盖满枝头时，她的花破蕾怒放，繁花似火，凝红欲滴，星星点点洒落在绿叶丛中，使石榴满树生辉，为庭园增添了热烈欢乐的情趣。真可谓“万绿丛中红一点，动人春色不需多”。石榴鲜红似火的花朵，晶莹剔透的果实引来众多诗人的赞美。唐代诗人韩愈曾这样赞美石榴：

榴花

(唐)韩愈

五月榴花照眼明，枝间时见子初成。
可怜此地无车马，颠倒青苔落绛英。

“五月榴花照眼明”是说石榴花是在农历五月开放的，并且花色鲜艳，势头旺盛不可阻挡，极其耀眼夺目。“枝间时见子初成”是指从其枝头上可以看到她变成果实的过程。诗人表面上是写石榴，实际上其中的“五月榴花”、“照眼明”、“子初成”是暗指自己有足以引起重视的出众才华，并非华而不实之辈，而是已见成果的。“可怜此地无车马”中的“可怜”带出诗人的惆怅、伤感与愤怒之情。虽然石榴鲜艳夺目和硕果初成，但仍没有“车马”的“光临”和“惠顾”，其中“车马”是“伯乐”的意思。“颠倒青苔落绛英”是描写石榴花的花瓣纷纷落下，一片狼藉的凄凉景象。可见韩愈赋诗不仅仅是赞美石榴花，更重要的是借她来抒发自己怀才不遇的伤感和愤恨之情。

除了韩愈外，李白、杨万里、白居易等人也赋诗赞美榴花。如“翡翠映绿水，未足比光辉”，“绿叶裁烟翠，红英动日华”，“风翻火焰欲烧天”等精美诗句。杜牧的“似火山榴映小山，繁中能薄艳中闲。一朵佳人玉钗上，只疑烧却翠云鬟”是咏石榴的一首绝句，它描写了古代女子爱在发间戴石榴花的习俗。

除了赋诗赞美外，古人还喜欢借绘画来表达对石榴的喜爱，如中国明代画家、书法家、戏曲家徐渭的一幅《榴石图》，以简劲峭利的笔法绘出石榴和枝叶，在水墨中加胶，使渗晕有所控制，墨色显得浓淡分明，富有光润，并在画上题诗云：“山深熟石榴，向日便开口，深山少人收，颗颗明珠走。”现在，这幅画被收藏在台北故宫博物院中。

人们大都只知道杨贵妃爱吃荔枝，杜牧的诗句“一骑红尘妃子笑，无人知是荔枝来”就抨击她的这个奢华嗜好。其实贵妃同时也很喜爱石榴，就连她的裙子上也绣有石榴的图案。唐玄宗依其所好，在华清宫西绣岭、王母祠等地遍栽石榴供她观赏取乐。据说，唐玄宗爱看贵妃酒后的醉态，因石榴果可以醒酒，所以唐玄宗总是把她灌醉，赏观其妩媚之态后，再剥石榴喂在她口中。京剧大师梅兰芳在《贵妃醉酒》中的这出戏，就反映了这一典故。但这些行为举止使得大臣们大为不满，因此对贵妃侧目而视，拒不施礼，她心中自然很不高兴。一天唐玄宗邀群臣宴会，请贵妃弹曲以助兴，贵妃在演奏到乐章最精彩动听时，故意把弦弄断一根，曲子不能继续弹下去。唐玄宗询问缘故，贵妃乘机说，因听曲之臣对她不恭敬，不施礼，司曲之神为她鸣不平，因此断弦。唐玄宗知道她深晓音律，就听信贵妃所言，于是降旨：以后无论官阶大小，凡见娘娘不行跪拜礼者，概杀不赦！从此之后，大臣们见到这位娘娘都诚惶诚恐地行跪拜礼。因杨贵妃总好穿绣有石榴花的裙子，故那些大臣们私下都以“拜倒在石榴裙下”一句来进行讽刺。后来这句话便渐渐地从宫廷传到民间，演变成男子对风流女性崇拜倾倒的意思。

人们常以“榴开百子”，来祝福某人多子多福，儿孙满堂，但是许多人却不知道这句话背后还有一段传说呢。北齐文宣帝高洋有个侄儿叫高延宗，被封为安德王。他自幼便由高洋亲自抚养，很受宠爱，刚过16岁，皇帝便忙着为他娶媳妇了，相中的对象是皇后李氏娘家的一个侄女。先按老规矩，由男方向女方送去定亲的财礼，接着就选一个好日子，用花轿仪仗把新娘迎娶过来，王爷结婚和册封王妃的两个典礼，合在一起举办。当时高延宗的生父高澄已去世多年。因此在他婚后不久，以新郎家长身份去新娘家“走亲家”的，就是文宣帝高洋本人，还带着一大群官员和侍卫。皇帝亲自上门来“走亲家”，这对王妃父亲李祖收来说，当然是无比荣耀的体面事。但引起满座诧异的是，酒过三巡以后，新娘李妃的母亲宋氏亲自端了一个水果盘，恭恭敬敬地跪献到皇帝的案上。果盘里，放着两只大石榴。与此同时，堂下乐队一起奏乐，堂前歌女高唱喝彩，好不热闹。“这是啥名堂?”皇帝拿起一只大石榴，反复观看，搞不明白亲家母此举的意思。再问左右陪宴的官员们，也都不知其所以然。高洋觉得没趣，便命令侍卫把果盘拿走。正在这时，皇太子的老师魏收也赶到李家来凑热闹了。魏收博学多才，又是猜哑谜的高手。皇帝便问他王妃母亲献石榴的缘故。魏收笑着回答说:“石榴丰硕多子，而且包埋房中。殿下新婚，王妃的母亲荐献石榴，正是期望他像石榴一样，多子多孙，金枝繁盛。”众人都称赞魏收解释得好，齐声向皇帝祝贺。高洋也大喜，马上让魏收取回石榴，然后同大家一起举杯痛饮，融洽的气氛达到了高潮。以后，订婚下聘或迎娶送嫁时互赠石榴的风俗，在民间广泛流传。同时，她还作为多子多福的象征，绘入吉祥图案，称作“榴开百子”图。常见的“榴开百子”图，主要有两种：一种是切开的石榴果连着枝叶；另一种是群婴嬉戏石榴树旁，表示儿孙满堂，多子多福。

石榴的营养特别丰富，含有人体所需的多种营养成分。其果实中含有维生素C及B族维生素，有机酸、糖类、蛋白质、脂肪，以及钙、磷、钾等矿物质。据分析，石榴果实中含碳水化合物17%，水分79%，糖13%～17%，其中维生素C的含量比苹果高1～2倍，而脂肪、蛋白质的含量较少，果实以鲜吃为主，也可制成上等饮料。

石榴全身是宝，果皮、根、花皆可入药。其果皮中含有苹果酸、鞣质、生物碱等成分，据有关实验表明，石榴皮有明显的抑菌和收敛功能，能使肠黏膜收敛、分泌物减少；对痢疾杆菌、大肠杆菌有较好的抑制作用，能有效地治疗腹泻、痢疾等症。石榴的果皮中还含有碱性物质，有驱虫功效。石榴花则有止血功能，用它泡水洗眼，还有明目的效果。石榴还有解酒功能，对饮酒过量者，有奇效。另外，石榴汁含有多种氨基酸和微量元素，有助消化、抗胃溃疡、软化血管、降血脂和血糖，降低胆固醇等多种功能。可预防冠心病、高血压，并达到健胃提神、增强食欲、益寿延年之功效。

石榴在园林中可单独孤植一处，或两株对植于大门口处。也可以数株丛植于庭院的一角，石榴老桩可制作观果树桩盆景，果实可长时间悬挂，很有观赏价值。

石榴是西班牙和利比亚的国花。1498 年，航海家哥伦布以西班牙南部城市格拉纳达命名一个中美洲国家。在西班牙语中，“格拉纳达”意为“石榴”。可见不仅中国人喜欢石榴，外国人也同样喜欢石榴。

月下美人映艳阳

——昙花鉴赏

昙花是仙人掌科花卉，由于她的花色洁白，花姿娇美动人，又是在凌晨1点以后才开花，因此，赢得了“月下美人”的称誉。还因为她开花的时间太短，仅4～8个小时，又有“昙花一现”之说，这句成语用以形容一个美好的事物或某人显赫一时就销声匿迹再也不出现了。昙花虽在夜间短暂开放，然而，她洁白如玉的花色、沁人肺腑的香气、高雅脱俗的仪态却给人们留下了长久的记忆。

昙花是多年生常绿肉质植物，老枝圆柱形，新枝扁平，呈叶状。其实，昙花无叶，人们认为的“叶子”是她的变态茎。花为白色，萼片红色或紫红色。每当昙花开花前，那硕大的花蕾犹如一支巨大的神笔，雄姿勃勃，皎洁饱满，光彩夺目。她那紫红色的外衣(萼片)，悄然露出层层洁白如丝的内衣，羞羞答答不肯立即绽开。一旦时机成熟，她将层层绽放，其花朵玲珑剔透，宛若经过了一番精雕细刻。在那洁白裙装的衬托下，她犹如一路飘香、翩翩下凡的美丽仙女。昙花凝姿素丽、洁白晶莹、玉质冰肌，在月光的映照下，无愧于“月下美人”的美誉。

在“中国十大名花”中，有十个幸运儿“榜上有名”，并分别予以她们美好的称誉，却不见提起昙花一个字。大概就是因为她转瞬即逝，无法给人们带来长久的美，也可能是因为她仅能在晚上吐露芳容。我以为，这恰恰彰显出昙花与众不同的风格：犹如流星，虽然仅是刹那间的闪亮，就是太阳、月亮也无与伦比；又似深闺中的美丽佳人，千呼万唤始出来，犹抱琵琶半遮面，让人们难以忘怀。

昙花只能在夜间开放，许多人为了一睹她的芳容，必须半夜起床观赏。人们在努力寻找各种方法来改变她的这个“坏习惯”。目前，让昙花白天开放已经成为现实。具体方法是，在她开花前的7～8天，进行“黑白颠倒”的处理。即白天将她放入黑屋子里，而到夜晚时再用人工照明的方法去处理，就这样，经过7～8天的处理后，昙花就会在白日里绽放。这样，“月下美人”经过众人期待，终于在艳阳高照的白天一展她美丽的风姿。

昙花是属于仙人掌科花卉，被称为“兰花仙人掌”的令箭荷花以及蟹爪兰都是她的表姊妹。还有近年来水果市场旺销的火龙果也是这个大家族的一员——量天尺的果实，不但味道鲜、外观美，而且营养也十分丰富，深受人们的青睐。昙花的亲戚可真是不少，另外还有仙人球和金琥，尤其是金琥，扁圆形，浑身长满了金黄色的刺，金光灿烂。除此之外，她还有许多亲戚，这里就不一一列举了。

虽然昙花一现可以张显出她的个性与身价，然而，在我们的现实生活中，不提倡做“昙花一现”这样的人。如一些运动员取得了举世瞩目的成绩，成天被鲜花、掌声包围着，受到全国瞩目，成为年轻人追逐和崇拜的偶像，因而沾沾自喜，沉浸于荣誉之中。于是，他们或忙于拍摄广告或当什么产品代言人，不积极训练。对此许多人都大声疾呼：赶快冷静下来投入新的训练中去，成绩、冠军、荣誉已经过去，若不努力，你们将成为“昙花一现”的人物！当然，在现实中，不可能要求所有的人都做出轰轰烈烈的事，我们只是提倡做平凡的事，扎扎实实地工作，像兰花一样，默默无闻。但是，一旦我们做出了显赫的事，就应该持之以恒，不要做“昙花一现”的人。

娉婷少女一枝花

——豆蔻鉴赏

豆蔻是姜科多年生常绿草本植物，又称草蔻、草豆蔻、漏蔻。形似芭蕉，叶片长而硕大，花朵也较大，为穗状花序，形成一串儿，着生在花轴上，非常漂亮。

豆蔻生长在南方，分为红豆蔻和白豆蔻等种类，其中以红豆蔻最美。她们一般是在初夏而不是盛夏开花，当地人称花尚未开大者为“含胎花”。她们含苞欲放、垂首含羞、楚楚动人，好似荷花的花朵端庄地挺立在翠嫩碧叶之上，婉若含睇凝目的美人。诗人们常用她来比喻13～15岁的美丽少女。唐代诗人杜牧在其《赠别》中，首次将豆蔻比作少女：

赠　别

（唐）杜牧

娉娉袅袅十三余，豆蔻梢头二月初。
春风十里扬州路，卷上珠帘总不如。

从此以后，人们常把女孩13～15岁的少年时代，称为“豆蔻年华”。后来宋代诗人范成大也赋诗赞美豆蔻花：

红豆蔻花

（宋）范成大

绿叶焦心展，红苞竹箨披。
贯珠垂宝珞，剪彩倒鸾枝。
且入花栏品，休论药裹宜。
南方草木状，为尔首题诗。

诗的前两句，描写红豆蔻花从刚刚生成到逐渐开放的过程。其中“焦”即指芭蕉，豆蔻的外形酷似芭蕉，“焦心”指新抽出的尚未展开的嫩叶。“绿叶焦心展”就是豆蔻花初形成穗时，花穗被嫩叶包卷者，随着绿叶渐渐展开，花穗也渐渐露出。第二句中的“竹箨”是竹笋上的一片片的皮，“披”是破开的意思。这一句说，豆蔻艳红的花蕾绽开了一层层绿色的萼片，就要展瓣吐蕊了。诗中的第三、第四句描绘了花的美丽形象。诗中的“珞”指璎珞，就是用珠玉而制成的戴在颈项上的装饰品；“鸾”同“銮”，是古代的一种车铃。这两句说：那繁茂的朵朵红豆蔻花闪耀着光彩，就像珠宝串成的璎珞，又像用彩绸剪成的倒挂的銮铃。第五、六句表达了诗人的观点：还是应该把她放到姹紫嫣红的百花园中去欣赏评品吧，而不要把她列入药物里论高低上下。诗的最后两句交代了是《南方草木状》这本书最早介绍了红豆蔻花。诗人通过美妙的比喻以及描绘豆蔻花其形、其色、其光彩时所用的恰当的词语，使那红装绿裹、光彩照人的豆蔻花亭亭玉立地展现在我们的面前。自然，用她来形容娉娉袅袅的少女，是最恰当不过了。

宋代词人秦观也在他的词《满庭芳·晓色云开》中有一段：“……豆蔻梢头旧恨，十年梦，屈指堪惊……”豆蔻再一次被比作少女。

从唐代的杜牧、宋代的范成大到秦观，将豆蔻作为少女的代名词是由来已久的了。豆蔻不但代表青春少女，也代表了少女的爱情。在 2003 年 12 月发生的印度洋地震而引起的海啸灾难中，传诵着一个可歌可泣、悲壮而又优美的故事：一对离别了 35 年的初恋恋人重逢后，刚刚度过了 3 年的幸福时光，就在印尼的班达亚齐度假时，遭遇了海啸灾难。当时这对患难夫妇，手拉着手，相互搀扶着准备共同逃生。突然妻子的颈椎受了重创，丈夫仍然奋力拉着她的手，在水中艰难前行。妻子不愿再拖累丈夫，毅然松开了手，把生的希望留给了最爱的人，自己却被大浪无情地卷走了……是什么使她宁可牺牲自己，而去保护仅仅作了她 3 年丈夫的人呢？原来，他们自幼一起长大，青梅竹马、两小无猜。但是在 1966 年，由于当时印尼政府的排华政策，身为华人的男方不得不随他的家人一起告别自己的女友离开印尼。就在临行前夜，有人转交给他一个包。原来，这是恋人王小姐连夜托人送给他的一包豆蔻果，请他不要忘记自己。拿着这包豆蔻，男孩冲动地追出去找心上人，却发现王小姐已经离去。他只好随家人一起，搭上了回中国的船，随后定居香港。这一去就是 30 多年。在此期间，两人虽然各自成了家，但都在心中挂念着对方。后来，当他们费尽千辛万苦，又克服了重重困难，走到一起，仅仅渡过了 3 年幸福的时光，就被这场无情的灾难再次拆散了。尽管留给丈夫的是无尽的思念和痛苦，但也留下了妻子对他无言的爱的表白。回想起当年还是少女的妻子在临别时捎来的豆蔻，分明是少女的一颗炽热的心，她象征着纯洁的爱情。真是：豆蔻一包相思 30 余载，松手一瞬表达无尽情意。可见豆蔻也是“爱情”的象征。

虽然豆蔻花没有牡丹的雍容华贵，难比桃李的烂漫芬芳，也不敌月季妩媚动人，更无桂花、兰花芳香沁人……但正是她似开非开，欲说还休，仿佛情窦初开的羞涩少女的姿态引得无数文人墨客为她赞颂。

豆蔻是喜温暖的南方植物，在南方一般用于绿化园林，她春、夏开花，主要用作地被、花坛或花镜。

豆蔻除了可以用来美化园林，她的果实以及种子——白豆蔻和草蔻还可以作为烹饪时的调料，加入她们烹出的菜肴美味可口，闻其味就让人垂涎三尺。

白豆蔻也用来治疗肠胃疾病，她益脾、健胃，动物实验证明她可以预防胃部溃疡。豆蔻的提取物，可增强对肿瘤的免疫功能，破坏癌细胞外围防护因子，使癌组织容易被损害。白豆蔻果实含有挥发油如 *d*-龙脑，*d*-樟脑，律草烯及其环氧化物等。所以豆蔻油不稳定，不易收藏，可以制成芳香酊或酯剂，作为外敷用。至于服用的则可煎汤或入丸散。

愿豆蔻花就像娉婷少女一样，将我们的园林装扮得更加美丽动人！

咫尺方寸收美景

——盆景鉴赏

盆景是用木本植物、草本植物或水、石等，经过艺术加工，种植或布置在盆中，使她成为自然景物缩影的一种陈列品。

盆景是在过去的盆栽、盆树和盆石、石玩的基础上发展起来的，成为了现在的树桩盆景和山石盆景，她是诗、画、园艺、美学、雕塑、制陶等学科和技艺交融结合而成的一门造型艺术。盆景是将自然的美与艺术美融为一体的一种艺术形式，她源于自然又高于自然，有“无声的诗”、“立体的画”、“凝固的钟”之美誉。她是在咫尺方寸间“以小见大”、“以少胜多”的艺术表现形式，真可谓：咫尺方寸收美景。

盆景与盆栽、盆树不同，她具有许多特点：

(1)盆景具有“小中见大”的特点。因为她是微缩的园林，可在“咫尺盆盎而瞻万里之遥，方寸之中乃辨千寻之峻”，即有“一峰则太华千寻，一勺则江湖万里”之势。

(2)盆景是“活的艺术品”。树木花草作为盆景造型的主要材料，具有生长发育的生命特征，决定在制作加工上的连续性，艺术欣赏的可变性。由于季节的更换，可以看到春花、夏绿、秋果、冬姿规律性的四季景观，生机盎然的盆景使人清心悦目，还能引人入胜，耐人寻味。

(3)盆景形式的多样性。她从传统的几十个树种，发展到今天近200个树种，在树木、山水两大类别的基础上，又创新了水旱、微型及花草、果树等类别。盆景的地方风格更是不断涌现，由于各地艺师巧匠的艺术构思和艺术表现手法的不同，产生出许多不同的流派，使盆景造型千变万化。

(4)盆景艺术的个性。人类来自大自然，亲近自然是人类的本性，由此才产生出表现自然的盆景。然而，作为一种艺术，她又必然离不开人的创造。但是盆景应是“七分自然，三分人工”。而这三分人工，也须力求不露痕迹，尽量做到“虽由人作，宛自天成。”

(5)盆景创作的艺术性。这是创作的最基本要求，盆景的形式多种多样，造型更是千变万化，主要是看艺术表现手法如何。表现手法首先要根据主题，主题的确立，又重在立意，所谓“意在笔先”。盆景造型要具有艺术美，而内涵意境更要深远，使人们在欣赏的时候，不仅看到了景，而且是通过景激发出感情，因景而产生联想，从而领略到景外的意境。

(6)盆景的整体性。一个盆景作品是由“景”即盆内的景观，“盆钵”即盛装景观的盛具，“几架”，即摆放盆的工具 3 个方面构成，所以鉴赏一个盆景作品的好坏，必须从这 3 个方面整体去全面审视。

盆景分为树桩盆景和山石(山水)盆景两大类 。

一、树桩盆景

她是以木本植物(大树树桩)为主要素材，是活的生命体，其制作技术较为复杂，大致有挖掘、种植、整形、蟠扎、修剪、上盆、养护等步骤。艺术上则要求具有老干虬枝，清奇古雅，生机勃勃，意蕴深远的效果。树桩盆景主要是由木本植物作为盆景的主要景观的盆景形式。她“盘根错节，曲于虬枝，不啻千年老树”，且能生长旺盛，花果繁茂，要做到这几点并非易事，须要有深厚的园艺知识和丰富的栽培经验。截至目前，我国公认的就有苏派、扬派、川派、岭南派、海派、浙派、徽派和通派。有的流派显示出严整壮观的艺术风格，如扬派；有的则表现出清秀古雅的艺术风格，如苏派。还有的显示出苍劲自然、飘逸豪放的艺术风格，那就是岭南派。另外还有刚劲自然，具有时代气息的艺术风格的浙派；整枝成虬曲多姿、典雅清秀的艺术风格的川派；明快流畅、精巧玲珑的海派……在盆景的艺术风格中，北方主要是表现出“雄”和“奇”，而南方主要显示出“秀”和“美”。

不同流派的选材也不同，但掌握“意境、形态、精神”的原则，三者兼有方为上品，枝条稀疏以单数为佳。

修剪的手法也很重要。常用的手术方式有：剖干、剥皮、雕琢、攀扎、剪枝、修根等。修剪的目的在于把盆景作品培养造型成直干式、斜干式、曲干式、悬崖式、丛林式、提根式、云片式、对拐式、枯梢式……作品有的悬根露爪、老干虬枝、古老苍劲，有的清秀典雅，有的则是玲珑剔透。其实，这就是树桩盆景鉴赏的主要所在。

二、山石盆景

山石盆景也称作山水盆景，她是在浅口水盆中，以山石和水为主要原料，再配置一些花草树木以及其他小配件构成的景观。其制作技术要求侧重于艺术境界，不论是层峦叠嶂，还是波光岛影，应能表现出山河的锦绣壮丽。山石盆景就是运用

"小中见大"的手法"缩龙成寸"。如果说,"园林是微缩的大自然",那么山水盆景则是"微缩的园林"。山石盆景具有"一峰则太华千寻,一勺则江湖万里"的观赏效果。

山石盆景虽然没有形成正式的"流派",但是仍然有"地方风格",如有采用斧劈石、英石、砂积石、海母石等制作的上海风格盆景,表现出气势磅礴、精巧玲珑的风格;有采用海母石为石料,讲究雕琢成透、漏、瘦、皱,显示出清秀淡雅、气势雄伟的福建风格;有以木化石、江浮石为原料,多用偏重式、开合式手法,表现气势雄伟、颇具画意的沈阳风格;有以桂林山水为题材,采用钟乳石、砂积石、芦管石,采用仿真山真水的技法,表现清、通、险、阔的广西风格……各种风格充分发挥了当地的石料资源优势和效仿当地的名山大川,真是八仙过海,各显其能。

石料选择以后,还需要进行加工,达到"透、漏、险、瘦"的效果。

(1)瘦。是有棱角的长条状石料。它可布置成壁立当空、孤峙无倚的姿态,看上去有亭亭玉立之感。瘦石能充分显示山峰的俊秀挺拔和崔巍雄奇。

(2)漏。在山水景物中指倒挂于山体的部分。漏的位置一般在岩洞中或悬崖峭壁突兀处。漏可以增加山水盆景的美感。在松质石料上,可以用锯截和雕琢的方法去做倒挂。

(3)透。是要求石料上有洞穴,可以穿透视线。起到调节重心达到平衡的作用。

(4)皱。是指山石上的纹理,如同衣服上的皱褶,皱而有律,繁而不乱。"皱"是中国山水画的一种传统技法,主要是依靠雕刻来形成"皱"。现置于杭州花圃的《皱云峰》就是代表作。

除了石料以外,山石盆景还需要一些植物材料,花草如半支莲、松针草、连珠草、菊花;树木如五针松、雀梅、榔榆、六月雪、福建茶、罗汉松、四季石榴等;苔藓主要是将吸水的松石上长的青苔藓刮下来,研细,加水条成糊,用毛笔刷在吸足水分的石面上,将山石置于阴处,不久就会长出苔藓来。有了植物材料及一些苔藓,盆景就具有了生命的活力。

此外,还应加配些小配件,小配件主要由动物和人、亭、台、楼、阁、小桥、小船等构成。配件点缀的与景物表现的意境相一致、得当,则可以提高盆景的观赏效果,起到画龙点睛的作用,另外,会起到参照物的作用,如在有水和山石的地方,水中放置一个小船,则显示出湖面非常宽广,山峰非常的高大。若配得不得当,则会事与愿违,给人以画蛇添足的感觉。

现在,还有一些盆景向两极化发展的趋势:一种是微型盆景,仅 5～10 厘米大,真可谓"小巧玲珑",这对我国住房面积不算大的家庭来说,是非常合适的。微型盆景成形快,价格也便宜。又因为她体积小,分量轻,易于搬动,对老年人和病人来讲，也非常方便。一般微型盆景与一些小的工艺品放在一个博古架上，看上去琳琅满目、丰富多彩，生活气息更加浓厚。另一种则是巨型盆景，如有一个50米长的《万里长江图》巨型盆景，十分雄伟壮观。若将这种巨型盆景建在公园或其他娱乐场所，则是一个微缩的、立体的、活的景观再现图，赏心悦目，受人欢迎。

盆景的创作不是那么简单，她是融合了文学历史知识，如诗和词；园艺学，如植物栽培知识；美术，如绘画、雕塑、制陶等多方面综合性的艺术。所以，作品应遵循以下原则：

1. 意在笔先　即立意应在动手制作盆景之前。盆景创作好比作画，动笔前应将自己要创作的立意定下来，也就是主题思想，想表现什么？如何去表现？必须胸中有数。

2. 层次分明　作品表现一定要分清主次，如山水盆景的群峰当中，主峰是盆景的主体，是重心；树桩盆景的双干式造型时，也应一棵大，一棵小。分清主次，也就是应突出主体。为了烘托主体，也需要配体，俗话说：好花还需绿叶扶，而配体只能作陪衬，但不能喧宾夺主。这就需要有高低、大小、远近之分，从而显出主次。

3. 疏密得当　山水盆景中的峰峦以及树桩盆景中的植物应“有疏有密，疏密得当”，有“疏可走马，密不容针”之说。密有赖于疏的烘托，疏有赖于密的陪衬。“画留三分气，生气随之发 ”。

4. 静中有动　盆景虽是静态之物，但如果匠心独运，造型得法，则可神形兼备，变静为动，如将树枝稍向一侧歪斜，似被风吹摇动，无声之处胜有声。

5. 小中见大　盆景具有“以咫尺之盆，造千里之景”的功能。盆景中常可以看到一大一小、一高一矮、一直一斜，这两者不但在体态上有差异，而且在气质、造型上也变化多样，其目的是“以仆衬主”，客体是作为陪衬去突出主体的。也就是说，“小”并非是真正的小，它仅仅是一个参照物，起到“以小见大”的效果。如在山水盆景的水面上，摆上一叶小舟，就会显得山峰非常高，湖面格外大。

6. 虚实相宜　一件好的盆景作品应该是疏密有致、虚实相宜的。山石盆景中山石为实，水为虚，一般水面与山石的比例为3∶1，水面大显得太虚，但若配上几只小舟，就可弥补过虚的不足。

7. 妙用远法　盆景还具有“咫尺盆盎，瞻万里之遥；方寸之间，乃辨千里之峻”的神奇功能。远有“三远”即高远、深远、平远。高远是以较高主峰与次峰以及配件的应用，显得主峰非常高——高远，需要“仰望”；而深远则是注意前后层次，远景用横石并小一些，显得远——深远，需要“窥视”；平远式山石盆景，峰峦应低平些，不要有棱角，见形不见势，使人感到模糊渺茫。

8. 欲露先藏　山水盆景布局造型中，景物要有露有藏，欲露先藏，方显含蓄。

只有含蓄，才能使人产生遐想。有“景越藏则意境越深”之说。盆景中洞要有曲折，水要有萦回，山路要时隐时现，蜿蜒而无尽头。而树桩盆景中的树也应有露有藏，几棵树有高有低，时隐时现，给人以回味和想象。

一个好的盆景作品，应该有一个命题。盆景的命题分两种情况：一种是先命题后创作，另一种是有了作品再命题。准确的命题可以使景观生辉。中国园林不少是依诗词成景的，盆景也同样。若先命题后创作，作者必须根据命题简洁深奥的意思，去驰骋遐想，通过命题来抒发情怀，在作品中淋漓尽致地表达出来。

命名方法有多种。一种是根据盆中景物命名——实题，如“独峰独秀”、“太湖帆影”等。另一种则是根据意境命题——意题，如“漓江春色”、“挡不住的诱惑”、“壮志凌云”、“枯木逢春”。还有根据树名花名命名的，如“岁寒三友”、“四君子”。有的以诗命名，如“疏影横斜”、“寒江雪”等。

欣赏盆景是一种美的享受，可以丰富人们的精神生活。在室内陈设盆景，使人顿觉生趣盎然。斗室之中，能领略到旷野林木的景色，自然山水的风貌，令人心旷神怡而豪情满怀，既陶冶了性情，又增进了艺术素养。

欣赏盆景可以拓宽自己的知识面，如文学、历史、艺术、栽培等各方面的知识，从而提高素质和修养，陶冶情操。盆景还能振奋人们的精神，激发爱国主义热情。如当我们在盆景中看到刚劲挺拔、体态矫健的松柏和凝霜傲雪、姿态优美的梅花时，常常为其坚贞高洁的形象所激励；当我们看到千姿百态的黄山奇峰和山清水秀、突兀峥嵘的桂林山水时，会更加热爱祖国的锦绣河山，热爱生活，提高民族自豪感。

有人对盆景不了解，说制作盆景是“玩物丧志”，或是“无聊的消遣”。但是，根据以上种种理由说明这并不是“玩物丧志”，而是“玩物养志”，人们可以从中学到许多的知识。

天涯处处皆芳草

——小草与草坪鉴赏

“没有花香，没有树高，我是一棵无人知道的小草……”这是出自一棵小草的心声。的确，在世人的眼里，小草根本就不起眼，没人肯为她填词作赋，更没有人愿意给她留下丹青妙笔，恰恰相反，与她有关的词语竭尽了藐视、歧视、贬义之词；例如，人们管没才能的人叫“草包”，活儿干得不细致叫“草率”，称初稿为“草稿”、“草案”、“草图”，还有什么“草寇”、“草菅人命”等贬义之词，甚至连性别歧视也拉“草”垫背，便莫名其妙的有了“草鸡”、“草驴”，就连儿童歌曲的歌词也这样讲：“有妈的孩子像块宝，没妈的孩子像棵草……”，这样的比喻，显示小草是既可怜，又被人看不起。

难道她真的生来就是一副“贱骨头”？其实，草有“千金之躯”，有非常大的用途和功绩，我们的生活离不开她。第一，她与她的伙伴儿一起组成草坪，带给人类美的享受。此外，有些耐践踏的草可以建造游憩草坪，供人们在上面游玩或休息。第二，她可以防止扬沙、调节温湿、抑制细菌，所以在有草坪的地方，人们往往感到舒适。第三，她可以降低噪声，比如机场跑道和公路的两侧常铺有草坪。第四，足球场由于铺满草坪，又被称为“绿茵场”，球场草坪的好坏，往往成为影响球员水平发挥的重要因素。另外，草坪可以起到缓冲作用，降低球员受伤的程度。第五，凡种植草坪或有野草生长的大堤、水坝、河岸，因其间盘根错节，锁住了泥沙，水土流失的程度就有所减轻，不易渗漏；反之，则渗漏严重，甚至引起堤坝溃决。第六，许多草具有药用价值，中国中医药的鼻祖李时珍的《本草纲目》中所记载的就是很不起眼的小草，但她们却解除了许多人的疾病，给人类带来了福音。第七，许多种类的草可以作为食草动物的食物，她养育了世界上许多的生灵，使它们生生不息……所以说小草真是有功之臣。

拿小草与花朵作一下比较，多数人都认为小草从来就是花朵的陪衬，只配一辈子躲在缤纷夺目的花瓣下生存。其实，并非如此，如果人们去公园欣赏那婀娜多姿

的群花时，就会发现没有了小草的烘托，势必会感觉索然无味，那么再好的花也显不出她的媚态。俗话说得好，“红花还需绿叶扶”。再用小草与大树作一下比较，虽然后者显得伟岸、挺拔，还可成为栋梁之材，但小草的功用不可低估，古人云：驼负百钧，蚁负一粒，各尽其力也。有时，人类忽视了小草，破坏草场，由此引发了洪水泛滥、土地大面积沙化以及沙尘暴等恶果。当经过血的教训后，人类才开始清醒并反思，制定一系列保护草场的措施，比如“退耕还林、退耕还草”、“禁止过度放牧”、“提倡圈养”等。

每年秋末，北方地区的草坪就会逐渐枯萎，进入休眠。第二年春天回暖，小草就开始萌发了。这时候，人们通常点火烧一下上面的枯草，这样会促进她萌发的速度，其长势也更旺盛。我的确找不出更适合的语句来描述小草，只能借用白居易的名诗：“野火烧不尽，春风吹又生。”这两句把小草那种坚忍不拔的精神刻画得淋漓尽致。她是那么有韧劲，从不肯屈服命运，顽强地生长，是想要证明给世人看：我并不脆弱！她永远激励着人们勇于面对困难。

栽培的植物，时常需要有人浇水、施肥，过着“饭来张口，衣来伸手”的奢华生活；而小草，尤其是野生草类为了生存，须把根扎得更深更远，去汲取水分和养分。所以她们的生命力才如此顽强，能在各种不利的环境中存活下来，正所谓“适者生存”。一旦遇到严寒、高温、旱、涝、盐碱、土地贫瘠、病虫等“逆境”时，她肯定要比栽培植物的抗逆性强得多。

自古以来，文人墨客对花卉大加赞颂，并赋予每一种花一个美誉：如“花魁”、“花中君子”、“花中西施”、“花中皇后”、“花中珍品”……并从她们的“色”、“香”、“姿”、“韵”等各个方面逐条进行赞颂。即使是生在深山中的兰花，仍然享有“空谷佳人”、“天下第一香”、“王者之香”等美誉。相比之下，小草似乎只能是“配角”，不但被冷落而且经常遭到践踏，任凭她暗自哭泣，也无人理睬。园林管理人员也只能无奈地立一块“小草有情，请勿践踏”的牌子，不知是为了警示人们，还是出于怜悯。

棵棵小草，默默地启开了千花万树，又默默地点缀其间，承担起环保卫士的责任。不论多么狭长的石缝，多么贫瘠的土地，她都能以惊人的力量扎根、生长，以顽强的力量向人们昭示什么是生命，并骄傲地告诉世人：你看我的伙伴遍及天涯海角。小草从不炫耀自己的美，却把自己的美无私地奉献给大地。

当春天的脚步临近时，你一定会陶醉在一片桃李争芳、杨柳依依的明媚春光里。置身其中，你可曾想起小草？她虽然微小，却从不因此而自卑，相反，不论是贫瘠的土地，还是冰雪未融的高山，都可以见到她翠绿的身影。

小草给春天增添了勃勃生机。她不择地势，不畏风霜雨雪，不惧严寒酷暑，把绿色全部献给大自然，却从不求任何回报，这样的精神怎能不让人生敬意呢？怎能不叫人对她由衷地热爱呢？

雷锋在日记中写道"一个人的作用，对于革命事业来说，就如机器上的一颗螺丝钉。机器由于有许许多多的螺丝钉的链接和固定，才成了一个坚实的整体，才能够运转自如，发挥它巨大的工作能量。螺丝钉虽小，其作用是不可估计的。我愿永远做一个螺丝钉。螺丝钉要经常保养和清洗，才不会生锈。人的思想也是这样，要经常检查，才不会出毛病"。这一句话，经常被人们引用或作为座右铭。曾几何时，螺丝钉精神已渐渐被人们遗忘，至少是淡忘了，就像那小草，人们已不再赞扬她。其实，无论是螺丝钉还是小草，虽然不起眼，但同样发挥着重要的作用。就拿现在的社会来讲，有的人是科学家、教授、医生、企业家或领导干部，有的则是服务员、工人、农民或是下岗再就业人员。从工作性质、社会地位到工资待遇，差别是显然存在的。如果我们属于后者，就应该学习螺丝钉和小草的精神，不自卑，也不气馁，挺起腰杆干好工作。例如青岛港的许振超创造的"振超绝活"，以及由他引出来的"振超效率"，直到发展为"振超精神"；另外，经常报道的"下岗职工发展为企业家"，"农民成为产粮大户"，"落榜青年自学成才"等，都说明螺丝钉和小草的精神不可低估。当然，他们当中的大部分人不可能干出惊天动地的伟业，而是将要在平凡的岗位上默默无闻地工作，就像螺丝钉和小草一样，这也同样是光荣的，也是这部大机器不可缺少的一部分，又像亿万棵小草才能汇成连绵的草坪。

小草虽然不像花儿那样娇美动人，也不像大树那样雄伟挺拔，但她有一种毫不动摇、坚忍不拔的意志，犹如那些为了祖国美好的明天，不惜牺牲生命的烈士，他们永远不会向敌人投降。有人喜欢牡丹的娇媚妖艳，有人喜欢兰花的清雅脱俗，有人喜欢竹子的刚劲挺拔、苍翠欲滴，有人喜欢海棠的重葩叠萼，花团锦簇……可是我们千万不要忘记小草，她在生态平衡中功不可没，人们不能再"目中无草"了，"天涯处处皆芳草"应成为每一个地球人的良好愿望。因为，她也是我们人类不可缺少的朋友。

此处无声胜有声

——礼仪花卉鉴赏

科普家高士其先生说过:“花代表了人类的许多感情——真挚的友谊,纯洁的爱情,崇高的信仰……花体现了人类的许多精神——坚忍不拔、傲然不屈、神圣贞节……花象征了人类的许多愿望——幸福和平,自由独立,健康快乐……”这些花卉的无声的语言,寄托了人们丰富的情感。正是如此,将花卉作为礼物,是其他任何礼品都无法替代的。花卉是时尚的高雅礼品,花卉用她的神韵之美,用她们本身的象征、寓意,给人们很多启迪,使人们更加热爱生活,懂得如何做人。

花卉除了可以给人们以启迪外,作为“礼仪花卉”。在社会交往中有巨大作用。礼仪花卉也叫做“实用花卉”,她包括花束、花篮、花瓶、新娘捧花、胸花、花环、花车、桌饰、花圈等。

第一,花卉在社会交往中是联络友谊的“彩桥”。人们在迎来送往,拜见师长或祝贺某人取得某项成果,祝贺演出,或慰问老人、病人时,可以利用花卉搭桥,去建立友谊或传达感情。

第二,花卉是传递爱情的“红娘”。花可以作为爱情的象征,担负起传递爱情的任务。当一支鲜红的玫瑰花送到自己心爱的人手中时,用不着再说什么,“此处无声胜有声”。她代表着“我爱你!”每年的“情人节”,相爱的青年男女,互赠礼品,而花卉是首选。如红玫瑰、红郁金香、红火鹤、红康乃馨……用以表达自己的爱慕之情。

第三,花卉是新婚庆典上的“爱神”。绽开的鲜花是幸福、美好的象征。在新婚庆典中,花卉是美丽“爱神”的化身,带着圣洁的爱心来装扮着“新人”。从新娘的“捧花”、“头饰”到“新郎”的“胸花”;从“花车”到新房的布置,处处离不开花的身影。

第四,花卉是生日祝福的吉祥物。用鲜花向亲朋好友祝贺生日或向长辈祝贺寿辰,也是我国自古以来的习俗。人们可以通过送配有罗汉松、真柏枝与鹤望兰的花篮、花束来祝福老寿星像松、鹤一样长寿。

第五，花卉是节日和庆典的装饰物及贺礼。每逢圣诞、元旦、春节、国庆等节日，人们总要用鲜花来装点街道、公园、居室、会场等，以渲染喜庆的气氛。另外鲜花还可以作为贺礼来互相赠送。如开业庆典赠送庆贺花篮，教师节、母亲节赠送花篮、花束等。

第六，花卉是国际友好的使者。花卉是和平和友谊的象征，她在各国人民友好交往中担负着传播文明、交流文化的作用。如荷兰女王带来的郁金香，日本首相带来的樱花，孙中山先生赠给日本的莲子……她们就像友好的"使者"，增进了各国人民之间的友谊。

送什么花很有讲究，首先必须弄清送什么人，因为什么事而送，现在说明几种不同的礼仪场合下怎样送花。

(1)通用花束。月季、菊花、香石竹、唐菖蒲——友谊长青；茉莉花（末利）——重义轻利；马蹄莲——春风得意；茑箩（狮子草）——亲友兄弟相依相助；柳枝（送别）——依依不舍；冬青枝——友谊长青。花束不宜全部白色花或黄色花。

(2)赠送老人。送给老人的花，要有祝愿其健康长寿之意，或颂扬其德高望重之情。菊花表示晚节；红枫表示老有所为、老当益壮；鹤望兰或火鹤配松柏枝表示松鹤延年；送上一盆鲜桃盆景，以示祝贺；如果送上一盆寿桃的盆景，则更能为生日添彩，令寿星开颜；兰花表示德高望重；牡丹表示祝福；寿星桃、寿星草（虎刺）、枸杞、吉庆果、寿星鸡冠（盆栽）、五针松、雀舌松、翠帕、地柏、飞白竹、麒麟竹（盆景）等表示祝长寿幸福；络石表示万德古祥。

(3)赠送母亲。红石竹、香石竹（康乃馨）——由于康乃馨茎叶清秀，花朵丰满、艳丽，花瓣层层叠叠，绵延不绝，象征了慈祥、温馨、真挚、无价的母爱，是母亲节送给母亲最好的礼物，也是日常赠送亲友或老师最适当的花；萱草——忘忧；茉莉——母亲之花（一般国际通用）。白石竹限于母亲逝世后用。

(4)赠老师。一般多送康乃馨，意思同赠送母亲一样，象征着老师对学生的爱。

(5)赠送爱人或婚礼。红月季、海棠、桃花、碧桃花、红郁金香、山茶花——爱情、相爱；含笑、茉莉、玳玳、白兰花、桅子花、晚香玉、夜来香、君子兰、珠兰等香花——传情、爱慕、思念；石榴——多子，早生贵子；芍药——惜别；百合——百年好合。

(6)送死者。多是用白、黄色马蹄莲、菊花和白色栀子、荷花配以君子兰、苍松、翠柏制作成花篮或花圈，表示对死者的敬意、惋惜和希望他万古常青。

(7)赠取得成就的人。大多送一顶桂冠或配一把花束，表示对其成就的肯定和祝贺。

(8)祝贺开业庆典。一般送发财树、金橘树或一些红色的花卉如月季、牡丹、一品红、火鹤，以表示祝愿生意“红红火火”，开业大吉，生意兴隆。而因为金橘的“橘”与“吉”有谐音，所以也有“大吉大利”之意。

(9)送离退休同志。可选兰花、梅花、菊花、红枫、君子兰，敬祝正气长存，保持君子的风度与胸怀，保持晚节，老有所为。

(10)对爱情受挫折的人宜送秋海棠，因为秋海棠又名相思红，寓意苦恋，以示安慰。

一般每一种花卉都代表一定的意思，都有自己的语言。当此花被当作礼品送出时，赠送者无须进行任何解释，花自己可以说话，这就是“花语”。下面介绍几种“花语”：

(1)梅花——高洁。(白色:庄严的美丽;粉红:鲜艳)

(2)菊花——高洁，清廉，长寿。(黄色:淡淡的爱;白色:真实)

(3)非洲菊——神秘，兴奋，追求丰富人生，有毅力。

(4)大丽花——感谢，大吉大利，华丽，优雅。(粉红色:在你身边我很幸福，充满喜悦;红色:你的爱使我感到幸福;白色:亲切;杂色:我只关心你)

(5)唐菖蒲——康宁，坚固，步步高升。

(6)康乃馨——母爱，清纯的爱慕之情，浓郁的亲情，女性之爱。(深红色:热烈的爱;粉红色:我热爱你;白色:纯洁的友谊;黄色:友谊更深)

(7)郁金香——爱的告白，荣誉。(黄色:没有希望的恋情;紫色:永不磨灭的爱情;粉红色:迷人;带斑纹的:美丽的双眸)

(8)玫瑰——纯洁的爱。(红色:热恋;粉红色:初恋，我爱你;橙红色:美丽，充满青春气息;黄色:道歉;白色:尊敬，崇高)

(9)百合——纯洁，庄严、神圣、事业顺利。(白色:纯洁，甜美，淑女;黄色:虚伪;橙红色:轻率)

(10)马蹄莲——清纯，气质高雅，清秀挺拔。(白色:纯洁，充满青春活力;黄色:志同道合;粉红色:有诚意)。

(11)红掌——热情、心情开朗、热心。

(12)鹤望兰——幸福、快乐、自由、热恋中的情人。

(13)水仙花——自尊、自我陶醉、幽雅、冰清玉洁。

(14)勿忘我——不要忘记我，理想的恋情，不凋的友谊。

(15)满天星——思恋、纯情、梦境。

(16)金鱼草——傲慢、丰盛、有金有“余”。

(17)牡丹——富贵、繁荣、昌盛。(粉红色:相信我;红色:我将珍惜你的爱;白色:珍重)

(18)芍药——惜别。

(19)睡莲——清纯的心、纯真。

(20)向日葵——憧憬、光辉、爱慕、凝视。(大轮:你很优秀;小轮:崇拜,爱慕)

(21)荷花——无邪的爱、坚贞、高雅。

(22)银芽柳——生命中的闪光。

(23)鸡冠花——永不褪色的恋情、痴情、永生。(球状:圆满幸福;羽状:燃烧不息的情感)

(24)紫罗兰——永恒的美、努力、同情、相信、盼望。

(25)腊梅——富于慈爱、依恋。

(26)山茶——不变的誓言、美德。(白色:完美;粉红色:克服困难;红色:谦让)

(27)仙客来——害羞、客气、内向。

(28)金橘——有金有吉、大吉大利。(四季橘:四季吉祥、如意;朱砂橘:辟邪;代代果:代代平安)

(29)杜鹃——生意兴隆,爱的快乐,思乡,忠诚。

(30)一品红——祝福你,我的心在燃烧 。

(31)风信子——胜利、竞技、喜悦。(蓝色:感谢你的好意;红色:你的爱让我感动;粉色:倾慕,浪漫)

(32)蝴蝶兰——幸福、快乐、我爱你。(粉红色:有才能,活泼可爱;白色:庄严,圣洁的美人)

(33)萱草——忘记忧愁。

(34)桂花——富贵、友好、吉祥。

(35)茉莉花——优美的、幸福、亲切、友情。

(36)君子兰——宝贵、高贵、有君子之风度。

(37)桃 花——爱的幸福、生意兴隆。

(38)石榴花——多福多寿、生机盎然。

(39)海棠花——温和、美丽。

(40)蟹爪莲——锦上添花、鸿运当头。

由于各国的历史、文化、信仰的不同,所以各国的花语也不同,送花的习惯自然也与我国不同。甚至在我国不同的少数民族地区,花语也不同,因此送花的习惯也不同。

礼仪花卉

我国主要的礼仪花卉有:花束、花篮、案几花、胸花、新娘捧花、花车、花环、花圈等。

花束：主要是用于迎来送往，献给演员，慰问师长、病人，赠送情侣。迎来送往及献给演员，一般用较艳丽的喜庆色彩；慰问师长、病人应配以康乃馨、海棠、含笑、水仙、兰花等；赠送情侣一般多以红月季、红郁金香表示爱情。

花篮：分为大、中、小三大类。大花篮一般100～140厘米高，主要用于开业庆典、祝贺演出等喜庆场合摆放。常用红、绿、黄等艳丽花卉来装饰，以烘托喜庆的气氛；中型花篮一般30～80厘米高，主要用于贺寿或在葬礼场合。贺寿一般以松、柏枝和菊花配以鹤望兰。菊花可表示晚节，而鹤望兰与松、柏枝则寓意“松鹤延年”，还可以配以桃枝、寿星桃表示祝愿对方万寿无疆。若用于葬礼场合，多以松、柏枝配一些白色及黄色的菊花、马蹄莲、百合等。也可以配以君子兰，以表示对死者的君子风度的敬意；小型花篮大都小巧玲珑，一般仅15～25厘米高，常用于居室摆放或赠送亲朋好友。

案几台花：是摆放在桌台案几上进行装饰的，所以是多面观，一般较低矮，大都是向四周放射状插制的。可以摆放在讲台、宴会桌、会谈桌上，也可以在装饰花车时摆放在引擎上，但不能阻挡人的视线。

胸花：在左胸前佩带的微型花束。一般用于大型庆典场合的嘉宾和主持人。另外，在婚礼场合的新郎也佩带胸花。胸花需要有红和紫红色表示喜庆，配有绿色，再配些白色，如满天星或茉莉，可使胸花显得光亮。

新娘捧花：是在婚礼场合新娘双手合捧的花束，她分为球形、新月形、下垂瀑布形等多种形式。花材最好选择一些具有鲜艳色彩的，如红月季、红郁金香以表示爱情；百合则代表“百年好合”。若是瀑布形的捧花，最好配以常春藤或天门冬、西洋兰等下垂性花卉，显得飘逸潇洒。

花车：可以用于游行的大型花车，现在主要是在婚庆场合接新娘用。一般主要是装饰引擎盖上方，应该以案几花的形式来装饰，这样就不容易阻挡司机的视线。

花环：是中国西南少数民族地区的一种迎宾习俗。主要是用花草编织成花环，挂在来宾的脖子上表示欢迎之意。花环一般常选用带有芳香味儿的花卉，如茉莉、米兰、栀子等。

花圈：是在葬礼场合用的礼仪花卉。一般多采用松、柏枝配以白、黄色的马蹄莲、菊花、百合等。

不同节日用花

元旦：水仙、梅花、迎春、仙客来、山茶、金橘等。

春节：水仙、梅花、迎春、仙客来、山茶、金橘等。

儿童节：三色堇（猫脸花）、含羞草、月季、丽格海棠等。

教师节：康乃馨、菊花、唐菖蒲等。

重阳节：菊花、兰花、梅花、君子兰、松柏枝、鹤望兰、红枫。

国庆节：红色的菊花、月季、百合、一品红、一串红等。

圣诞节：一品红、蓬莱松、百合、南洋杉、虎刺梅等。

复活节：百合花。

情人节：红色的月季、郁金香、百合等。

母亲节：康乃馨、百合花、茉莉、萱草等。

父亲节：石斛兰、泰国兰、黄百合、剑兰、木棉花等。

岁寒三友花君子

——“梅兰竹菊”与“松竹梅”鉴赏

一、花中四君子赞

提起品格高尚、高风亮节、修养高超之类的事物，中国文人常用“梅、兰、竹、菊”这 4 种植物作比喻，并且称她们为花中“四君子”。自古我国的文人就喜欢填词、赋诗对她们大加赞美。在众多歌颂花卉的诗、词、散文中，与“梅、兰、竹、菊”有关的很多。另外绘画大师对她们也格外青睐，除了单独画梅、兰、竹、菊外，还善画“四君子”图，从出土的陶瓷器具看，许多都画有“四君子”的图案，现在的工艺品上仍然能找到梅、兰、竹、菊的身影。中国文人与这“四君子”之间更是有着不解之缘，并留下许多千古佳话。如元代大画家王冕在隐居九里山时，植梅千株，自题所居为“梅花屋”，又自号“梅花屋主”。他善画墨梅，万蕊千花，自成一家，所作的“墨梅图”与“墨梅”诗均名扬天下。更有一位叫林逋的宋代诗人更是痴情，他一生养鹤植梅，自称“梅妻鹤子”，终生不仕不娶。清代著名画家郑板桥一生便以种竹、画竹闻名于世，并非常重视对竹子的实地观察，主张画竹前“必先得成竹于胸中”。所以他笔下的竹子，不仅能显示出四时风雨，阴晴中的不同形态和变化，而且力求表现竹子的耐寒、抗冰雪的坚贞之性。历代文人如陶渊明、苏东坡、杜甫、陆游等都写诗文赞颂过菊花，尤其是陶渊明因为经常写菊花的诗文，被人们誉为“菊仙”，甚至连他的名字都成了菊花的代名词。兰花也受到我国人民的喜爱，从孔子、李白到苏东坡、郑板桥都留下有关兰花的诗文。人们还将“国香”、“天香”、“王者之香”、“空谷佳人”等美誉封于兰花。但更多的养花爱好者是想通过养梅、兰、竹、菊来表达高雅情怀，并陶冶自己的情操。

梅花向来是花卉中被歌咏得最多的，甚至被称为“诗人的花卉”。比较著名的是陆游的《卜算子·咏梅》：“驿外断桥边，寂寞开无主，已是黄昏独自愁，更著风和雨；无意苦争春，一任群芳妒，零落成泥辗作尘，只有香如故。”这里把梅花比喻成为“孤芳自赏”的高士；而伟人毛泽东的诗题《卜算子·咏梅》所用的笔法与陆游大不相同，更值得欣赏。“犹有花枝俏”和“她在丛中笑”显得奔放，充满斗争的活力。这其中充满着斗争之意，赋予梅花崭新的共产主义战士的乐观主义胸怀：满身清气，屹立于严寒里，坚贞不屈，傲视风雪，这正是中华民族气魄之根本，气节之象征，也是“梅文化”的最高表现形式。当然生活中，人们说得更多的是“不受一番冰雪苦，哪得梅花绽放”和“梅花香自苦寒来”，这比喻经历一番苦寒后，一定能迎来成功和胜利。无论是她的“孤芳自赏”还是“斗雪傲霜”都是“君子的风范”，否则，怎会有那么多的人爱梅、赏梅、踏雪寻梅、凌寒探梅、谈梅、咏梅、画梅呢！

至于兰花，这里主要指的是中国兰花。中国兰大都小而少，颜色清雅不艳，冰洁素丽，却清淡含娇；雅而不俗，丽而不妖，朴实而又含蓄，简直就是一个亭亭玉立、气质高雅的美人。再来看其“香”，更是居群香之首。自古以来，兰花被誉为“天下第一香”、“王者之香”，其特点一是浓郁而不刺鼻，二是香气悠长而穿透力强。兰花虽身怀异香却甘于寂寞，生长在穷乡僻壤、深山峡谷之中，不与百花争艳，不求在世上闻名，她“不因贫寒而萎缩，不为无人而不芳”的高尚品德，受到了历代文人的赞颂。同时，她就像一个默默无闻的奉献者，不争名利，不炫耀自己。因此，中国文人喜欢将兰花比作谦谦君子，说她“终年不凋，幽香清远，神静韵高”。更有一些古人用“兰友”、“兰章”、“金兰之拜”、“兰客”、“兰肴”、“桂子兰孙”、“蕙质兰心”等词语来比喻最美、最佳的事物，对她可算是推崇备至。不少人爱兰、写兰、画兰、养兰、以兰会友。养兰之人都希望通过养兰来达到修身养息、陶冶情操的目的，可见兰花早已成为“君子的典范和楷模”了。

再来谈一下竹。她不但具有极强的观赏价值，还具有很大的使用价值。竹笋可食用，烹出百余道菜，且味道鲜美；竹子也可建屋，造竹筏，当盛器，做成竹筷、工艺品等。中国的“丝竹”乐器，笛、萧、笙等都是用竹做的。有人称竹子是“穷人的木材”，她不但在远古为人类的生存做出过巨大的贡献，而且至今仍然发挥着作用。所以说，除了观赏价值以外，竹子的使用价值是任何花卉都不能比拟的。竹子虽无牡丹之富丽、松柏之伟岸、桃李之娇艳，但她坚韧挺拔，竹叶迎风飞舞，苍古之中饶有秀润之气，并带有气冲霄汉的节操和傲岸之势。她坦诚无私，朴实无华，不苛求环境，不炫耀自己，默默无闻地把绿荫奉献给大地，将财富奉献给人民。又因为竹子是中空的，又有明显的节，所以人们还经常赞扬她“虚心有节”。古人常用“玉可碎而不改其白，竹可焚而不毁其节”来赞美她或用她来比喻人的气节，因此她还有“高风亮节”之美誉。将竹子誉为“君子”，是当之无愧的。难怪大诗人苏东坡说：“宁可食无肉，不可居无竹。无肉令人瘦，无竹令人俗。”由于竹干挺拔，枝叶婆娑飘逸，景观十分优美，因此，公园里、村寨旁、一丛丛一片片的翠竹既美化了环境，又陶冶了人们的情操。

最后说说菊花。每年从春到夏，迎春、玉兰、桃花、牡丹、荷花、月季等相继开放，秋天到了，惟有菊花没有丝毫动静，正在大家替她着急并惋惜时，她便应时而开。花开时，光华亮丽非常吸引人。硕大的花瓣，好像是先受了压迫似的，突然解放后，便将怒气也释放了开来，开得很有骨感。别的花卉开时，大多开得娇艳有余，力度不足，有些当不起"怒放"一词。想想古人形容花开用怒放，实在是很有意思，对于形容菊花的开放倒很贴切。不知道为什么，菊花非要经过严霜后，才能花开、怒放，这大概也是其被视为傲骨的由来。的确，菊花其实是骄傲的，严霜之下，还可以将花开得这样漂亮，确实是值得骄傲。古诗有云：菊残犹有傲霜枝，菊花也的确有这样的傲骨。此外，古人称她"春露不染色，秋霜不改条"和"宁肯抱香枝头死，不随落叶舞秋风"两句诗也是对她正直不阿，不随波逐流人格的赞美。不仅如此，大诗人苏东坡还赋诗"荷尽已无擎雨盖，菊残犹有傲霜枝"赞扬她身处逆境自强不息，这一点可为残疾人树立良好的典范。菊花在寒霜中昂首怒放的特性、不随波逐流的品格、身处逆境自强不息的精神，无不显示出"君子风范"。

梅、兰、竹、菊这花中"四君子"，虽然都不是同一个科、属，但是她们有共同品格，是气节、风骨最高的花木。这四者之中，梅花比较孤傲；兰花喜欢孤芳自赏；竹子则很清高；而菊花则性格刚强。她们有共同的性格、品质，那就是一身清肌傲骨、不畏强暴、不争名利、勇于奉献，这样的"品德"才是真正的君子。千百年来，她们已成为了一种人格品性的文化象征。许多古代文人想要赞美、夸耀自己又不好意思直接说时，往往借赞美"花中四君子"来比喻自己的品格、精神，如元代大画家王冕的题梅诗"不要人夸颜色好，只留清香满乾坤"，其实是借花来比喻自己人格的清白。而有时文人们想要发泄自己心中的愤怒或不满，又害怕打击报复时，只好"忌直言，贵曲笔"借"花中四君子"来作比喻。如陆游的《卜算子·咏梅》就是用梅花来比喻诗人一生的坎坷。作者屡遭谗陷，仕途挫折，忧国忧民，怀才不遇，只能"孤芳自赏"，借梅花来抒发自己的惆怅之情。因而梅也就成了历代文人、士大夫表示忠心和气节的象征。还有杜甫的"每恨陶彭泽，无钱对菊花。如今九日至，自觉酒须赊"。也是对这个不公道的社会的不满。毛泽东主席也借梅花表达了中国人民、中国共产党一定能战胜困难，迎来"山花烂漫"的春天的信心。难怪有人不但喜欢这"四君子"，而且立下"做君子之人，行君子之风，养君子之花，传君子之道"这样的座右铭，以勉励自己去作一个堂堂正正的正人君子。

二、岁寒三友赞

中国古代文人喜爱寄物抒情，常借自然物来表现自己的理想品格和对精神境界的追求。中国的修养学和美学将“松、竹、梅”称为“岁寒三友”。岁寒即严冬，三友即指松、竹、梅。她们虽系不同科属，却都有不畏严霜的高尚品质。

其实，最早把“松、竹、梅”联系在一起的并对她们高尚品质进行赞美的是大文豪苏东坡，他与“岁寒三友”有着一段不解之缘。

北宋年间，苏东坡遭到权臣排挤，被贬至黄州（今湖北省黄冈县）。初到黄州时，苏东坡远离亲友，非常苦闷，惟有寄情诗歌，以解胸中的烦忧。《卜算子·黄州定慧院寓居作》正是他当时心情的最好写照：“缺月挂疏桐，漏断人初静，时见幽人独往来，缥缈孤鸿影。惊起却回头，有恨无人省，捡尽寒枝不肯栖，寂寞沙洲冷。”后来，家眷来伴、朋友来访使他的情绪渐渐好转，然而生活上的拮据仍然是很大的问题。为了解决经济困难，苏东坡自己开垦了一片荒地，种植稻、麦、桑、枣等农作物。不久，他又在田边筑起一座小屋，在屋子四壁画上雪花，取名为“雪堂”。苏东坡在院子里种上松、柏、梅、竹等花木。整个住所被他装扮得素净典雅，十分契合苏东坡当时的心境。一次，黄州知州徐君猷特意来雪堂看望他，见他的居所冷清萧瑟，便打趣地问他坐卧起居，满眼看见的都是雪，是不是太寂寞，太冷清了？苏东坡指着窗外摇曳的花木，爽朗地笑道：“风泉两部乐，松竹梅三益友。”意思是说，清风吹拂和泉水淙淙的声音就是两曲优美的音乐，枝叶常青的松柏、经历寒冬而不凋谢的竹子和傲雪绽放的梅花，便是相伴严冬最好的朋友。徐君猷见苏东坡在逆境中能以“松、竹、梅”自勉，仍然保持凌霜傲雪的高尚情操，非常感慨，从此对他更加敬仰。

后来，“松、竹、梅”被世人合称为“岁寒三友”，一方面取其玉洁冰清、傲立霜雪的高尚品格，一方面也将其视作常青不老、旺盛生命力的象征，同时也比喻在艰苦的条件下，同甘苦、共患难、风雨同舟的真挚友谊。

人们不但赋诗、填词来歌颂、赞美“松、竹、梅”，而且，由“松、竹、梅”合成的“岁寒三友”图案是中国古代器物、衣物和建筑上常用的装饰题材。因此，“岁寒三友”图也逐渐演变成为雅俗共赏的吉祥图案流传至今。

让我们分别谈谈“松、竹、梅”。

首先来说一下“松”。

松树是北方寒冷地区常见的常绿树木，尤其在寒冷的冬季，万木萧疏，其枝叶仍翠绿可爱，寒风冰霜而不改色，坚忍不拔的青松，有泰山压顶不弯腰的气魄。这种精神确实值得人们赞扬。此外，陶铸同志在他《松树的风格》一文中对松树只知奉献，不要索取的风格进行了赞美。

松树的这种只知奉献，不知索取的高尚品德，泰山压顶不弯腰的英雄气魄，风霜雨雪不改色的大无畏精神不但体现出“君子”的风度，而且她象征着中华民族的铮铮铁骨，是整个中华民族精神的真实写照，所以中国人民对她充满特殊的情感。人们以歌赞松，以诗咏松，以画绘松，以文记松，松树的精神和风格将千秋万代永远让人们赞颂。

再来论论“竹”。

虽然竹生长在温暖地区，但在天寒地冻的冬季，她仍然保持翠绿常青，临风潇洒。人们形容她“狂飙呼啸似奔雷，海立山撼树木摧，独有竹君持劲节，挺然奋斗踞崔嵬”。中国人民种竹、食竹、用竹、爱竹、赏竹、咏竹、画竹。竹子对于人类有着实实在在的用处，宋朝诗人苏东坡曾这样评价竹子的功用：食者竹笋，庇者竹瓦，载者竹筏，炊者竹薪，衣者竹皮，书者竹纸，履者竹鞋，真可谓不可一日无此君也。

此外，人们也从竹子身上学到了许多东西：首先是她顶冰雪、战寒霜的大无畏精神；再就是她坦诚无私，朴实无华，不苛求环境，不炫耀自己，默默无闻地把自己的财富奉献给大地的无私精神；以及她“虚心有节”、“高风亮节”的高尚品质。古人对她的总结是对她的最好评价：“根生大地，吸取甘泉，未出土时便有节；横枝云梦，叶拍苍天，及凌云处尚虚心。”竹子给予我们的不仅仅是物质上的东西，更可贵的是精神上的东西。

关于“梅”，我们在上面“梅、兰、竹、菊”中已经谈过了。

“松、竹、梅”都具有顶冰雪、战寒霜的优秀品质，被中国古今文人们所敬慕，因此被誉为“岁寒三友”，现代文人雨蒙曾这样赞颂这“岁寒三友”：

古有桃园三结义，名传青史永留芳。
今昔网络情缘中，续佳话义结金兰。
寒冬梅花傲雪开，千姿百态遍地白。
文豪佳客闻风醉，梦里他乡不知归。
青松无畏岩石坚，挺身展枝耸云间。
俯首天下谁与比，尽收美景存心间。
竹儿无心逢细雨，迎松寻梅叙友情。
他日相见岁寒舍，陪君再饮三百杯。

此诗对“岁寒三友”进行了人性化的比喻，是中国人在情感上、在人与人的关系上的真实写照。自古以来中国文化、伦理、道德都非常讲究“友情”，提倡“同生死、共患难”、“有福大家享，有难大家当”、“风雨同舟”等风尚，而“岁寒三友”中的“松、竹、梅”的品格也成为“同甘共苦”人格品性的文化象征。

方方面面花文化

——花卉文化面面观

中国人民在这片土地上辛勤耕耘，几千年来驯化和培育了无数名花奇木，并积累了丰富的养花经验和精湛的栽培技艺，创造了光辉灿烂的文化艺术，同时也为世界各国的园林建设、园艺生产做出了积极的贡献。近 1 000 年来，中国的各种名贵花卉一直不断地流传于世界各地。尤其是自 18 世纪以后，中国有许多名花异卉开始大量外流，欧美等国多次派人进入中国西南地区调查，大量采集多种名贵花卉的标本种子和球根，极大地丰富了各国的种质资源。开展杂交育种工作，取得了重大成果。绚丽多彩的中国园林植物，不仅大大丰富了各国园林植物的种类，增添了园林的景色，而且对他们的花卉育种工作也起了重大的或决定性的作用。丰富的中国花卉资源孕育了世界的名花奇木，美化了大地。中国被誉为“世界园林之母”，这个称号的确是当之无愧的。

同世界上所有的人一样，中国人民的天性中有爱美，爱花，以花为美，并常常愿意与花媲美的传统。因此视花为美的化身，美好幸福的象征。所以历代文人经常在赏花后吟诗、填词、作画及写歌、作曲来抒发自己的情感。在中国人看来，花是有灵之物。人们赏花，除了赏识她那静态的外部形态美之外，还善于品味她那动态的生命变化之趣。另外，中国人还认为花是有情之物，不仅娱人感官，更撩人情思，能寄以心曲。中国人对花的这种看法和情感是观花之后，由感悟而达到的一种艺术境界。对花产生了更深一层的情感和精神上的寄托。因此，中国人世世代代爱花、赏花，就是认为花能使人赏心悦目、畅神达意、陶冶情操。花中蕴含着文化，花中凝聚着中华民族的品德和节气。他们主要是通过对花卉的色、香、姿 3 方面的外在因素，去感受其内在的风格、神态、气质和风韵，并由此产生的许多生动而又贴切的联想。其实也就是由于花卉的植物学特征和生物学特性才使得人们利用这一点去联想的。如，说到荷花会想到“出淤泥而不染”的精神；提起兰花就会想到她“生在深山中，不以无人不芳香”的孤芳自赏风格；谈及竹子就会联想到她“玉可碎而不改其白，竹可焚而不毁其节"的气节；涉及桃花自然会想到爱情和美女等等。这些文人大都是"借花喻人、喻社会"。所以，在中国人的眼里花早已被"人格化"了。人们不仅通过观赏、食用、饮用、品（茶）用、药用等形式来开发她们的价值，而且还通过吟诗、填词、作画等文学手段来寄托和抒发自己的情感，因而，就形成了包括植物学、园艺学、药物学、地理学、文学、艺术、民俗学等多学科、全方位的"花文化"学，这就是"文化全息"现象。

一、中国花文化的内容

（1）举办各种花事活动并将其盛况记载下来，诸如各朝各地的花市，花展，花节盛况，借以展现繁荣欢乐的社会风貌。如刘禹锡的那首《赏牡丹》："庭前芍药妖无格，池上芙蓉净少情。唯有牡丹真国色，花开时节动京城。"现代各省、市都举办各种类型的花事活动，如菏泽、洛阳的牡丹节，合肥、桂林的桂花节，上海、北京的桃花节，杭州、济南的荷花展，昆明的山茶展，以及许多地区的菊花展等。

（2）直接表现或描绘各种名花异卉的琼姿仙态之美，以展示大自然的美景，使人获得美的享受和生活的乐趣。例如孔子曰：兰生于深谷，不以无人而不芳。唐代诗人郑谷在他的《海棠》诗中对海棠最美丽动人的那一刻是这样描述的："艳丽最宜新雨后，妖娆全在欲开时。"晋朝诗人袁崧对菊花的赞美"春露不染色，秋霜不改条"。白居易的"花中此物似西施"则是对杜鹃的赞美。

（3）介绍古今名人赏花赞花或育花的种种趣事，以此增加人们的生活知识和乐趣。例如"王安石又因菊花诗与苏东坡发生的争论"，武则天"怒贬牡丹"的传说，宋代诗人林逋"梅妻鹤子"的传说，吴刚伐桂的神话故事等。

（4）以花为题，借花传情，或阐述人生哲理，以起教育作用，或表示祝愿、希望和祈求，或表达个人的种种心态与冥想。如陆游和毛泽东的《卜算子 · 咏梅》，都是"借花传情"，尽管他们各自的思想境界和胸怀不同，但都是在表达、阐述人生哲理。唐朝诗人崔护在他的《题都城南庄》中所指的"人面桃花"也是借花喻人。白居易的诗《涧底松》则是以写涧底松来表达自己对这个不公平社会的不满。

（5）介绍花卉栽培的知识、信息、经验以及科学新方法、新技术等供人们学习参考。自古以来介绍记载花卉的书有许多，仅牡丹的书籍就有《神农本草经》、《洛阳牡丹记》、《牡丹花谱》、《群芳谱》、《南方草木状》等。另外许多成语及古诗也与花卉栽培有关，如"移花接木"就是指现在的嫁接。"昙花一现"及"月下美人"都是形容昙花的，一个是说她花虽美，但是花期极其短暂；另一句是说她开花的时间在夜间。又如"借水开花自一奇，水沉为骨玉为肌"，这句诗是告诉大家观赏水仙时，只需要水培就行了。"铁树开花"是指苏铁需要很长时间才能开一次花，因此常用来形容做某事非常难。

(6)通过多种形式来表现花文化，如写诗、绘画、歌曲、舞蹈、雕塑、插花等众多艺术形式。如歌唱牡丹的、茉莉的、梅花、桃花的歌曲非常多，还有表现荷花的舞蹈幽雅美丽，活泼多样，令人喜闻乐见。

(7)将花卉的名字与一个国家、城市，一个产品，甚至与人的名字联系起来。如每个国家都有"国花"，郁金香是土耳其和荷兰的国花。再如，在我国以松树命名的地名就有 90 多个。每个城市都有"市花"，月季是北京、大连等城市的市花。许多产品的品名也以花卉来命名，如"牡丹"牌电视机、"海棠"牌洗衣机。一些女孩子喜欢起与花卉有关的名字，如花、芳、香、芬、桂、兰、梅、莲、英、莉、菲、萍、杜鹃、玉兰、桂花、迎春、山丹、雪莲等。

总之，花文化通过各种方式在我们的生活中表现出来，以下是与花文化有关的知识。

二、部分国家的国花

国家	国花	国家	国花	国家	国花
日本	樱花	坦桑尼亚	丁香花	韩国	木槿花
墨西哥	仙人掌	新西兰	桫椤、银蕨	澳大利亚	金合欢
泰国	睡莲	孟加拉国	睡莲	德国	矢车菊
法国	鸢尾	意大利	雏菊	西班牙	石榴
美国	月季	俄罗斯	向日葵	荷兰	郁金香
土耳其	郁金香	匈牙利	郁金香	伊朗	郁金香
巴西	热带兰花	新加坡	万代兰	奥地利	火绒草
厄瓜多尔	白兰花	尼加拉瓜	百合	尼泊尔	红杜鹃
朝鲜	金达莱	塞舌尔	凤尾兰	希腊	油橄榄
突尼斯	荷花	爱尔兰	白花酢浆草	瑞士	火绒草
巴拿马	兰花	斯里兰卡	睡莲	印度	荷花
智利	百合花	巴基斯坦	茉莉花	乌拉圭	茉莉花
阿根廷	木棉	波兰	三色堇	丹麦	冬青
利比亚	石榴花	秘鲁	向日葵、石竹	挪威	欧石楠
哥伦比亚	热带兰	肯尼亚	兰花	缅甸	兰花
瑞典	铃兰	芬兰	铃兰	保加利亚	玫瑰
捷克	玫瑰、石竹	卢森堡	红玫瑰	罗马尼亚	白玫瑰
叙利亚	玫瑰	伊拉克	玫瑰	加拿大	枫树
马来西亚	扶桑	圣马力诺	仙客来	玻利维亚	向日葵

续表

国家	国花	国家	国花	国家	国花
葡萄牙	雁来红	比利时	虞美人	以色列	油橄榄
埃及	荷花	印尼	茉莉	埃及	荷花
埃塞俄比亚	马蹄莲	摩纳哥	石竹	希腊	油橄榄
南斯拉夫	铃兰	洪都拉斯	康乃馨	斐济	扶桑
柬埔寨	水仙	马达加斯加	旅人蕉	哥斯达黎加	卡特兰
圭亚那	睡莲	摩洛哥	石竹	危地马拉	白兰

注：中国在辛亥革命胜利后，国民政府曾把梅花定为国花，现在我们中华人民共和国虽然未定国花，但绝大多数的中国人都比较认可牡丹。因为牡丹雍容华贵、富丽堂皇，象征着和平、幸福、国富民强，又是中华民族文化和民俗学的一个重要组成部分，选她作国花最有代表性。

三、中国十大名花

第一，梅花：花魁——万花敢向雪中出，一树独先天下春。

第二，牡丹：花中之王——疑是洛川神女作，千娇万态破朝霞。

第三，菊花：高风亮节——春露不染色，秋霜不改条。

第四，兰花：花中君子——兰生于深谷，不以无人而不芳。

第五，月季：花中皇后——只道花无十日红，此花无日不春风。

第六，杜鹃：花中西施——灿烂如锦色鲜艳，殷红欲燃杜鹃花。

第七，山茶：花中珍品——惟有山茶偏耐久，绿丛又放数枝红。

第八，荷花：出水芙蓉——出淤泥而不染，濯清涟而不妖。

第九，桂花：秋风送爽——共道幽香闻十里，绝知芳誉亘千乡。

第十，水仙：凌波仙子——借水开花自一奇，水沉为骨玉为肌。

四、中国部分城市的市花

城市	市花	城市	市花	城市	市花
北京	月季	上海	白玉兰	天津	月季
大连	月季	南京	梅花	广州	红棉
昆明	山茶	重庆	山茶	济南	荷花
成都	木芙蓉	西安	石榴	福州	茉莉
武汉	梅花	兰州	玫瑰	沈阳	玫瑰
银川	玫瑰	呼和浩特	丁香	郑州	月季
合肥	石榴	桂林	桂花	苏州	桂花
南昌	金边瑞香	洛阳	牡丹	菏泽	牡丹

续表

城市	市花	城市	市花	城市	市花
温州	山茶	无锡	梅花	锦州	月季
拉萨	玫瑰	包头	小丽花	长沙	杜鹃
西宁	丁香	开封	菊花	长春	君子兰
汉中	栀子	阜新	黄刺玫	南宁	扶桑
镇江	腊梅	鹤壁	迎春花	汕头	凤凰木
丹东	杜鹃	湘潭	菊花	深圳	叶子花

五、中国对花卉的称谓(雅号)

花王——牡丹;

花相——芍药;

花中皇后——月季;

花中西施——杜鹃;

花中珍品——山茶

人间第一香——茉莉;

东篱高士、雪里婵娟——菊花;

百花盟主——铃儿花(吊钟);

月下美人——昙花;

绿色仙子——吊兰;

花魁——梅花;

花中君子、天下第一香、空谷佳人、王者之香、祖香——兰花;

花中二姊妹——薄荷、留兰香;

红花二姊妹——红花、藏红花;

花中双绝——牡丹、芍药;

岁寒三友——松、竹、梅;

园林三宝——树中银杏、花中牡丹、草中兰;

赏花三品——茗赏上、谈赏次、酒赏下;

中国三大天然名花——杜鹃、报春、龙胆;

蔷薇三姊妹——蔷薇、月季、玫瑰;

品花四标准:色、香、姿、韵;

品石四标准:瘦、丑、皱、漏;

累石四标准:透、漏、险、瘦;

盆树四条件：叶细、枝密、干粗、根露；
花中四友——茶花、迎春、梅花、水仙；
花中四君子——梅、兰、竹、菊；
花草四雅——兰、菊、水仙、菖蒲；
花间四友——蝶、莺、燕、蜂；
盆树四大家——黄杨、金雀、迎春、绒针柏；
盆花五姊妹——山茶、杜鹃、仙客来、石蜡红、吊钟海棠；
树桩七贤——黄山松、璎珞柏、枫、银杏、雀梅、冬青、榆；
云南八大名花——山茶、玉兰、杜鹃、报春、百合、兰花、绿绒蒿、龙胆。

六、花中十八学士

山茶、梅花、桃树、虎刺、吉庆、枸杞、杜鹃花、翠柏、木瓜、腊梅、天竺、罗汉松、西府海棠、凤尾竹、紫薇、石榴、六月雪、栀子。

七、二十四番的花信风

小寒	一候梅花	二候山茶	三候水仙
大寒	一候瑞香	二候兰花	三候山矾
立春	一候迎春	二候樱桃	三候望春
雨水	一候菜花	二候杏花	三候李花
惊蛰	一候桃花	二候棣棠	三候蔷薇
春分	一候海棠	二候梨花	三候木兰
清明	一候桐花	二候麦花	三侯柳花
谷雨	一候牡丹	二候荼蘼	三候楝花

“二十四番花信风”就是告诉我们每一种花卉开放的时间。从中我们可知，在一年的花信风中，梅花最先见，楝花最后开。经过二十四番花信风后，以立夏为起点的夏季便来临了。二十四番花信风不仅反映了花开与时令的自然现象，更重要的是可以利用这种现象来掌握农时、安排农事。在民间有许多反映物候的谚语，如：“桃花开、燕子来，准备谷种下田畈。”在此时节，我国大部分地区已经进入夏季，自然界的植物开始茂盛、丰腴，春作物也正值生长的旺盛期。南方地区平均气温一般高于 22℃以上，处处呈现的是夏日夏景。正可谓“梅子金黄杏子肥，榴花似火桃李坠，蜓立荷角作物旺，欣欣向荣见丰收”。

八、花中十二友

芳友——兰花　清友——梅花　奇友——腊梅　殊友——瑞香

佳友——菊花　仙友——桂花　名友——海棠　韵友——茶花

净友——莲花　雅友——茉莉　禅友——桅子　艳友——芍药

九、十二姐妹花

华夏农历每月有一种代表性的花开放，民间称谓“十二姐妹花”，即梅花、杏花、桃花、蔷薇、石榴、荷花、凤仙、桂花、菊花、木芙蓉、水仙、腊梅。

正月梅花凌寒开。

唐代黄蘖禅师有“不是一番寒彻骨，怎得梅花扑鼻香？”的佳句。北宋诗人林逋的《山园小梅》诗写得最为动人：众芳摇落独暄妍，占尽风情向小园。疏影横斜水清浅，暗香浮动月黄昏。

二月杏花满枝来。

宋代叶绍翁的“春色满园关不住，一枝红杏出墙来”，早为千古传诵。

三月桃花映绿水。

宋代汪藻诗云：“野田春水碧于镜，人影渡傍鸥不惊。桃花嫣然出篱笑，似开未开最有情。”

四月蔷薇满篱台。

唐代李群玉的《临水蔷薇》“浪摇千脸笑，风舞一丛芳”。

五月榴花红似火。

唐代韩愈《榴花》诗曰：“五月榴花照眼明，枝间时见子初成。可怜此地无车马，颠倒青苔落绛英。”

六月荷花洒池塘。

北宋诗人欧阳修《渔家傲》词中“酒盏旋将荷叶当。莲舟荡，时时盏里生红浪”，被后人称作为不可多得的佳句。

七月凤仙展奇葩。

唐代吴仁璧的《凤仙花》诗写得形象逼真：“香江嫩绿正开时，冷蝶饥蜂两不知。此际最宜何处看？朝阳初上碧梧枝。”

八月桂花遍地开。

唐代宋之问有“桂子月中落，天香云外飘”之佳句。明皇朱元璋的《红木犀》（桂的别称）诗云：“月宫移向日宫栽，引得轻红入面来。好向烟霞承雨露，丹心一点为君开。”

九月菊花竞怒放。

唐代元稹有咏菊名句:“不是花中偏爱菊,丹心一点为君开。”

十月芙蓉千般态。

唐代白居易诗云:“莫怕秋无伴醉物,水莲花尽木莲开。”

十一月水仙凌波开。

宋代杨万里的《水仙花》诗:“韵绝香仍绝,花清月未清。天仙不行地,且借水为名。”

腊月腊梅报春来。

宋代陈与义的诗句“一花香十里,更值满枝开,承恩不在貌,谁敢斗香来”。

十、花卉赏品

梅为仙品	桃为华品	杏为贵品	梨为素品
莲为静品	兰花为高品	菊为逸品	桂为灵品
水仙为名品	茉莉为妙品	牡丹为荣品	山茶为寒品
棣棠为教品	合欢为异品	芦花为幽品	鸡冠为闻品
芍药为选品	木棉为奇品	芙蓉为尤品	海棠为佳品
凤仙为新品			

十一、中国12个花神

月份	花名	花神
正月	梅花	柳梦梅
二月	杏花	杨玉环
三月	桃花	杨延昭
四月	蔷薇	张丽华
五月	石榴花	钟馗
六月	荷花	西施
七月	凤仙花	石崇
八月	桂花	绿珠
九月	菊花	陶渊明
十月	芙蓉	谢素秋
十一月	山茶	白乐天
十二月	梅花	老令婆

十二、中国 62 个花客

花名	花客	花名	花客
牡丹	贵客	丁香	情客
芍药	娇客、近客	葵花	忠客
梅花	清客	木槿	庄客、时客
兰花	幽客	杨花	狂客
桃花	妖客	玫瑰	刺客
杏花	艳客	月桂	痴客
莲花	净客、静客	含笑	佞客
桂花	岩客、仙客	石榴	村客
海棠	蜀客	鼓子花	田客
踯躅	山客	曼陀罗	恶客
梨花	淡客	孤灯	穷客
瑞香	闺客	棠梨	鬼客
菊花	寿客、倦客	木笔	书客
荼蘼	才客、雅客	凤仙	泪客、媚客
腊梅	久客	紫薇	高调客
素馨	韵客	水仙	雅客
琼花	尊客	玉绣球	巾客
杜鹃	仙客	茉莉	神客、远客、狎客
萱草	欢客	凌霄	势客
橘花	隽客	李花	俗客
栀子	禅客	迎春	僭客
来檎	靓客	菱花	水客
山矾	幽客	月丹	豪客
楝花	晚客	棣棠	俗客、和客
菖蒲花	隐客	月季	瘦客
枇杷	粗客		

花客：把花人格化，世以为雅戏。据《三柳轩杂记》、《姚氏残语》、《西溪丛话》、《春晖堂花卉图说》及《三除赘笔》共得 62 客。

十三、与梅花有关的词语

1. 梅之佳境　淡阴、晓日、薄寒、细雨、轻烟、佳月、夕阳、微雪、晚霞、珍禽、孤鹤、清溪、小桥、竹道、松下、明窗、疏篱、苍崖、绿苔、林间吹笛、膝下横琴、石坪下棋。

2. 梅之佳态

(1)四贵:贵稀不贵繁,贵老不贵嫩,贵瘦不贵肥,贵含不贵开。

(2)三美:以曲为美,正则无姿;以欹为美,正则无景;以疏为美,密则无态。

3. 梅之佳友

岁寒三友——松、竹、梅;

四君子——梅、兰、竹、菊;

雪中四友——迎春、冬梅、水仙、山茶;

五清——梅、竹、松、水仙、月季;

五洁——水、月、松、竹、梅。

4. 梅之佳句

疏影横斜水清浅,暗香浮动月黄昏。

——写梅之风韵(宋,林逋)

雪满山中高士卧,月明林下美人来。

——状梅之精神(明,高迪)

参考文献

1.胡正山,陈立君.花卉鉴赏词典.长沙:湖南科学技术出版社,1991

2.高士良.百种花卉养、赏、用.北京:北京科学技术出版社,1998

3.熊范孙,黄洽等.养花赏花用花指南.上海:上海科学技术出版社,2003

4.陈宇乐.洋兰欣赏与栽培图说.北京:金盾出版社,2004

5.黄茶英,刘青林.榕树、菩提树、橡皮树、无花果.北京:中国林业出版社,2004

6.张义君.荷花.北京:中国林业出版社,2004

7.张文科.竹.北京:中国林业出版社,2004

8.晏晓兰.中国梅花栽培与鉴赏.北京:金盾出版社,2002

9.彭春生,李淑萍.盆景学.北京:中国林业出版社,1994

10.胡运骅等.上海盆景欣赏与制作.北京:金盾出版社,1991

11.周瘦鹃.花木丛中.南京:金陵书画社,1981

12.冯天哲,余舒.礼仪花卉.北京:中国农业出版社,1994

13.刘艳.园林花卉学.北京:中国林业出版社,2003

14.陈有民.园林树木学.北京:中国林业出版社,1990

15.陈俊愉,赵守边.梅花与园林.北京:北京科学技术出版社,1988

16.孔令一.咏花古诗千首.北京:北京出版社,1990

17.汪国权.芳菲世界.成都:四川科学技术出版社,1985

18.许道静.中国之最.石家庄:河北科学技术出版社,1985

图书在版编目(CIP)数据

花卉鉴赏与花文化/孙伯筠编著.—北京:中国农业大学出版社,2006.5(2019.12 重印)

ISBN 978-7-81117-023-8

Ⅰ.花… Ⅱ.孙… Ⅲ.①花卉-鉴赏 ②花卉-文化 Ⅳ.S68

中国版本图书馆 CIP 数据核字(2006)第 028353 号

书　　名　花卉鉴赏与花文化
作　　者　孙伯筠　编著

策划编辑　潘晓丽　　　责任编辑　潘晓丽
封面设计　郑　川　　　责任校对　王晓凤　陈　莹
出版发行　中国农业大学出版社
社　　址　北京市海淀区圆明园西路 2 号　　　邮政编码　100094
电　　话　发行部 010-62818525,8625　　　读者服务部 010-62732336
　　　　　编辑部 010-62732617,2618　　　出　版　部 010-62733440
网　　址　http://www.cau.edu.cn/caup　　　**E-mail**　caup@public.bta.net.cn
经　　销　新华书店
印　　刷　北京鑫丰华彩印有限公司
版　　次　2006 年 5 月第 1 版　　2019 年 12 月第 6 次印刷
规　　格　787×980　16 开本　9.75 印张　176 千字　彩插 2
定　　价　21.00 元

梅花

蝴蝶兰

兜兰（拖鞋兰）

卡特兰

松树

竹子

菊花

月季

百合

荷花

山茶

君子兰

茉莉

芍药

杜鹃

榕树

昙花花苞

银杏

橄榄枝

石榴花

海棠

桃花

郁金香

木棉花

桂花(丹桂)

水仙

情人节礼仪花卉

草坪

山石盆景